경관 계획을 위한 디지털 트윈 지도 작성 매뉴얼

Digital Twin Mapping Manual : D.T.M.M

- Blender 3D 쉽게 배우기 -

조현주 · 박진영 공저

문운당

차례

CHAPTER 5 심화 디지털트윈지도 제작

-보전적 측면에서의 경관계획모형 적용 -

CHAPTER 6 심화 디지털트윈지도 제작

- 자연체험 및 휴양적 측면에서의 경관계획모형 적용 -

서 론

CHAPTER 01

디지털트윈(Digital Twin)이란, 일반적으로 현실세계의 물리적인 환경을 가상환경에 정확하게 모사하고, 이를 기반으로 현실세계에서 발생하는 미래의 상태를 시뮬레이션 및 예측할 수 있도록 하는 기술로 정의할 수 있다(최정, 2023). 이를 보다 세부적으로 설명하면, 현실의 물리적 대상(사람, 사물, 공간, 시스템, 프로세스 등)을 디지털 공간에 복제 및 동기화하고, 복제된 디지털 공간에서 현실 세계의 문제해결, 수정, 개선 등을 위한 다양한 모의실험과 분석을 안전하고 효율적으로 이루어질 수 있도록 해주는 기술 플랫폼이라 할 수 있다(김현철과 한정엽, 2021).

현재 디지털트윈은 주로 산업 공장 및 제조업 공장 현장을 모니터링하거나, 기계에 대한 실시간 관리 및 오류제어를 통해 사고를 최소화하는데 활용되고 있다. 더불어 서울시를 포함한 일부 광역시 및 지자체, IT 기반 대형 기업 및 스타트업 기업 등의 회사에서는 관광산업 및 발표회, 회의용 가상공간으로도 디지털트윈을 활용하고 있다. 특히, 지도작성 및 공간기획 분야에서는 V-WORLD, S-MAP(서울), 대구 3D지도와 같은 플랫폼이 일정부분 활용되고 있다. 여기에서 S-MAP의 경우, 서울의 모든 공간정보를 통합한 3D 플랫폼으로 과거와 현재를 잇는 초실감형 '조선시대 육조거리', 해외 소재 우리나라 유물을 확인할 수 있는 '디지털 가상박물관', 서울 부동산 가격과 주변환경 · 통계정보를 제공해주는 '부동산 실거래가격 서비스' 등 주택, 교통, 환경과 같은 도시정보 및 문화를 분석 또는 표현하고, 도시정보의 모니터링을 통해 도시 운영 효율을 높이는데 적극적으로 활용되고 있다.

또한 한국국토정보공사(LX)에서는 도시단위 디지털트윈 모델을 구축하고, 이를 활용해 지자체 행정 정책 의사결정을 지원할 수 있는 문화재 서비스, 3차원 지형분석 서비스, 실시간 건물 모니터링 서비스, 하천 모니터링 서비스 등의 서비스를 제공하고 있다. 여기에서 문화재 서비스의 경우 훼손된 문화재의 3차원적 복원을 통해 훼손 전 모습을 눈으로 확인할 수 있으며, 이를 통해 정확한 복원 및 관리가 가능하다는 장점이 있다. 또한 하천 모니터링 서비스의 경우에는 집중호우, 홍수 등의 재난 예방 등에 활용하고 있으며, 도시 침수 예상구역에 대한 시뮬레이션을 통해 재난 대비대책 수립에 도움을 주고 있다.

〈디지털트윈 활용의 일반 개념도〉

상기와 같이, 디지털트윈은 공간 혹은 대상의 다양한 구성요소들과 상호작용하여 정보를 교환하면서 발전하는 영역이라 할 수 있다. 일반적으로 디지털트윈은 대상의 상세 정보 양이 많으면 많을수록 더욱 정교한 결과물을 얻을 수 있다. 그리고 디지털트윈 제작과정에서 얼마나 더 치밀하고 자세한 과정을 수행하느냐에 따라 그 결과물의 완성도가 확연하게 차이가 난다고 볼 수 있다. 그러나 정교한 디지털트윈이라 하더라도 현실과 상호작용이 어렵거나 수행과정이 복잡하다면, 그 활용도가 대폭 감소할 수 있다. 이상과 같은 내용으로 볼 때, 완성도 높은 디지털트윈의 기본전제는 다양한 속성값(정보), 절차 및 체계의 집약성, 현실과의 원만한 상호작용으로 설명할 수 있다.

더불어 경관계획은 국토 전반에 대하여 생태보전, 자연체험, 인간 삶의 질 향상 등을 적용시킬 수 있는 공간계획체계로 이해할 수 있다. 경관계획은 일반적으로 대상지의 상세 현황 파악이 매우 중요하며, 대상지의 현황이 면밀히 구축되어 있을수록 더욱 정교한 계획도면이 제작될 수 있다. 또한 경관계획의 절차가 자세하고 치밀할수록 더욱 완성도가 높은 결과물을 도출할 수 있다. 그리고 설계, 시공분야와의 상호작용이 원활할수록 좋은 결과를 기대할 수 있다. 즉, 완성도 높은 경관계획과 디지털트윈은 많은 정보과 절차 집약성, 상호작용 등이 기본전제로 적용되고 있음을 알 수 있다.

한편 디지털트윈의 경우 현실세계를 기반으로 제작한 디지털세계에서 다양한 구성 요소들과 상호작용하여 정보를 교환하고 상황을 예측하여 사고 예방 및 유지 관리를 하는 것을 궁극적인 목표로 설정하고 있다. 예를 들어 디지털트윈은 디지털공간에 현실과 동일한 대상 또는 대상지를 구축하고 각종 시뮬레이션을 통해 현실과 정보를 교환하며, 교환된 정보를 통하여 사고예방, 미래예측, 유지·관리 등을 수행 할 수 있다.

경관계획 역시 설계, 시공 단계에서 마무리되는 것이 아니라 사고 예방, 안전성 증대 등과 같은 지속가능한 대상지 유지·관리에 궁극적 목표를 두고 있다. 이러한 점에서 경관계획과 디지털트윈은 대상의 현상유지에서 나아가 지속가능한 발전을 목표로 두고 있다는 점에서 목표 지향점이 매우 유사하다고 할 수 있다.

이상과 같은 내용을 종합해 보면, 디지털트윈과 경관계획이 효과적으로 접목된다면 두 분야의 장점이 극대화 될 수 있을 것으로 판단된다. 일례로 기존 경관계획을 통해 도출된 도면이 디지털트윈과 접목되어 입체화가 이루어진다면 깊이감 있는 계획도면의 확인이 가능하며, 2차원의 평면적 분석 뿐 만 아니라 다차원적인 입체 경관분석 역시 가능할 것으로 기대된다. 또한 물리엔진과 생태엔진이 반영된 디지털트윈이 경관계획 도면에 적용된다면 다양한 경관분석을 수행할 수 있을 것으로 기대된다.

디지털트윈과 경관계획의 접목 효용성을 보다 세부적으로 살펴보면, 계절에 따른 변화와 시간의 흐름에 대한 경관변화 양상을 관찰하는 등 시계열에 관한 분석을 더욱 직관적으로 수행할 수 있으며 평면적으로 이루어지던 기존의 분석보다 더 세부적이고 입체적인 확인이 가능하다. 그리고 시각화한 도면 및 시뮬레이션을 VR(Virtual Reality) 및 AR(Augmented Reality)을 통하여 분석하고 도출된 결과를 공유하여 즉각적인 의사소통을 할 수 있을 것으로 예상한다. 특히, 일반인들도 쉽게 시각적으로 접근이 가능하여 접근성이 향상되면 궁극적으로 경관계획 분야를 확장하는 것에 매우 큰 기여를 할 수 있을 것으로 사료된다. 따라서 경관계획과 디지털트윈의 접목은 도면의 시각화, 다양한 시뮬레이션 분석, 의사소통 기능 및 접근성의 향상, 경관계획 분야의 확장 등의 장점이 있을 것으로 생각된다.

그러나 현재 경관계획에서는 디지털트윈 기술의 활용이 미흡하며, 일부 활용된 사례에서도 일회성의 조감도, 건축물 및 시설물 등 3D 도면제시에 국한되어 있는 실정이다. 또한 디지털트윈 지도 작성의 경우에도 관련기업의 공유 미흡으로 인해 활용할 수 있는 정보가 제한적이며, 중간 과정 체계 확인 및 관련 데이터에 대한 정보도 확인하기 어려운 문제점이 있다. 더불어 시뮬레이션 종류도 조망권 분석, 일조량 분석과 같은 비교적 단순한 분석에 머물러 있는 한계가 있다. 따라서 현시점에서는 무엇보다 디지털트윈과 경관계획의 기초 접목 수준에서 절차적이고, 누구나 활용 가능한 디지털트윈 지도 작성 매뉴얼이 필요할 것으로 판단된다.

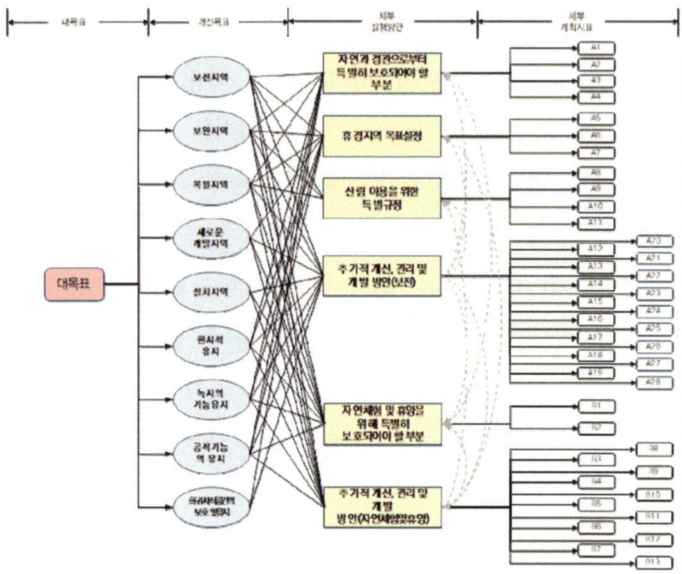

A1 : 자연보호지역
A2 : 경관보호지역
A3 : 천연기념물
A4 : 보호가치가 있는 소규모 잔여경관 요소
A5 : 자연적인 발전
A6 : 특정형태의 전환 및 이용
A7 : 인위적 관리
A8 : 특정수종으로의 재조림
A9 : 특정형태의 이용제한
A10 : 1차 조림 금지
A11 : 특정수종을 제외한 1차 조림
A12 : 비경작 테두리 띠숲의 개선
A13 : 유수지의 재자연화
A14 : 소규모 수공간 비오톱 설치
A15 : 경작지 가장자리의 개선
A16 : 수림가장자리의 개선
A17 : 농업적으로 이용되고 있는 부지 내 자연형 서식공간 조성
A18 : 다면적 이용부지의 개선 및 관리
A19 : 키 큰 덤불림 형태의 띠형 수림 설치, 관리 및 식재
A20 : 키 낮은 덤불림 형태의 띠형 수림 설치, 관리 및 식재
A21 : 열식 수목 설치, 관리 및 식재
A22 : 원정형 수목 설치, 관리 및 식재
A23 : 수변수림 설치, 관리 및 식재
A24 : 경작지 내 포위된 소규모 수림 설치, 관리 및 식재
A25 : 보호식재의 설치
A26 : 야생생물 이동통로의 설치
A27 : 완충공간 설치
A28 : 수림조성
B1 : 자연체험 및 휴양 보전지역
B2 : 자연체험 및 휴양 개선지역
B3 : 특이경관 중심의 경점지역 개선
B4 : 전망공간 조성
B5 : 주차장의 설치
B6 : 산책로 및 산책·자전거 복합로 설치
B7 : 일광욕 및 놀이용 초원의 조성
B8 : 경관작물 재배지 조성
B9 : 자연을 전제로 한 소규모 휴양공간의 개발 및 추가조성
B10 : 소규모 친수휴양 공간의 조성
B11 : 낙후된 건물의 정비
B12 : 시각적 방해구조물의 정비
B13 : 경관훼손이 심한 부지의 복구

〈경관계획 종합 플랫폼(조현주, 2012, 필자 재작성)〉

대상지 및 국토를 디지털트윈으로 구현하는 것은 현실 세계의 현상을 정확하게 모방하는 과정이다. 그럼에도 불구하고 디지털트윈의 궁극적인 목적은 앞서 설명하였던 것과 같이 대상지를 단순히 복제하는 것을 넘어 발전 및 지속가능한 공간으로 관리하는 것이라 할 수 있다. 따라서 디지털트윈 기술과 경관계획 플랫폼을 함께 적용한다면, 대상지의 현재 현황과 앞으로의 계획, 경관의 변화 등을 디지털 공간에 정확하게 표현할 수 있을 것으로 판단된다. 본 서에서는 기존 연구된 경관계획의 종합 플랫폼(조현주, 2011)를 바탕으로 디지털트윈 지도제작 방법을 체계적으로 제시하였다.

특히 본 서에서의 지도작성 도구는 경관관리, 시각화, 관련 플랫폼에 대해 활용성 및 적용성이 높은 Blender 3D 4.0.1을 활용하였다. 또한 대상지는 도심지와 접해있으면서 농촌 경관을 일정부분 유지하고 있는 대구대학교 근교로 지정하였다. 추가적으로 현실과 디지털 트윈 지도의 대상지 지형 차이 오류 또는 수목 및 시설물 위치 오류를 감소시키기 위해 드론 촬영 및 3D 스캔 작업을 수행하였다.

이 책을 통해 조경 및 경관계획 분야가 4차 산업의 핵심 분야인 디지털트윈의 주요한 분야로 자리잡기를 바라며, 누구나 쉽게 디지털트윈을 활용하여 지도작성을 할 수 있기를 희망한다.

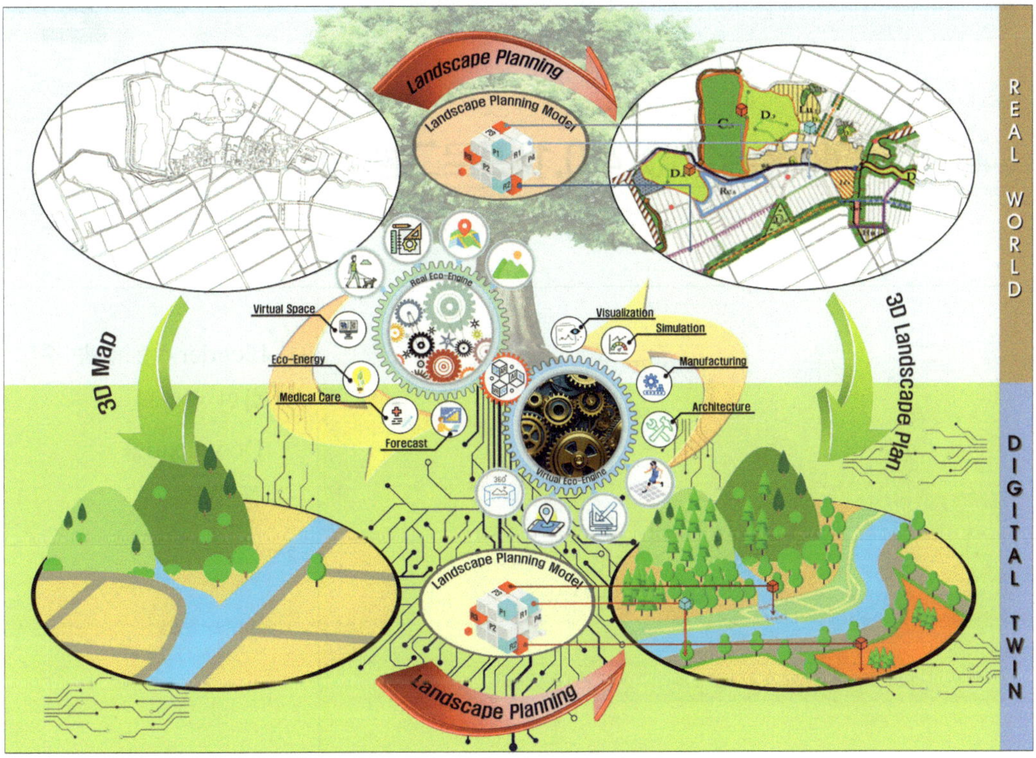

〈경관계획과 디지털트윈의 접목 모식도〉

CHAPTER 02

프로그램 및 Addon 설치

2.1 Blender 3D 4.0.1 프로그램 설치 방법

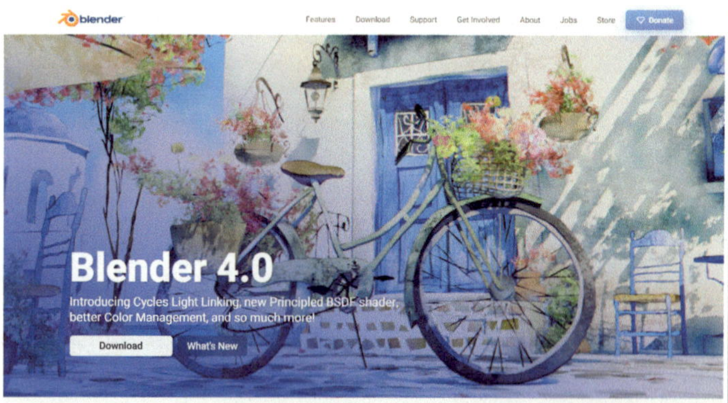

① Blender.org 접속 후 화면 중앙의 Download를 클릭한다.

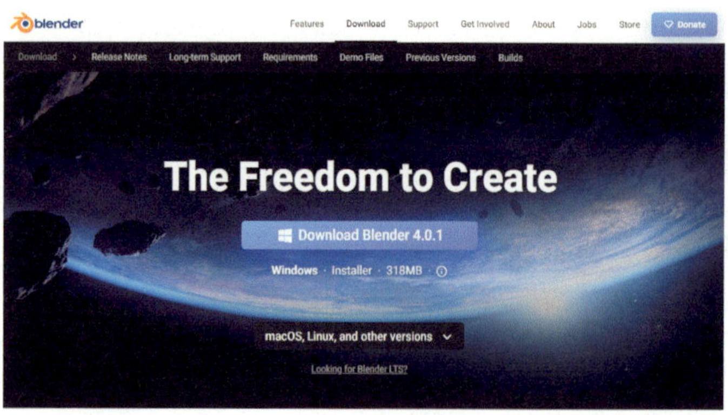

② "Download Blender 4.0.1"을 클릭한다.

2.1 Blender 3D 4.0.1 프로그램 설치 방법

① 다운로드 폴더의 "blender-4.0.1-windows-x64.msi" 실행 및 Next 클릭한다.

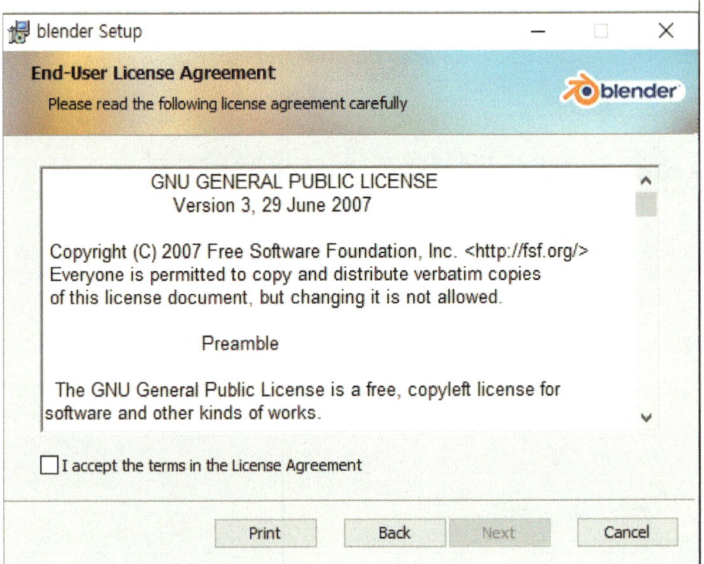

② 체크박스를 선택한다.
③ Next를 클릭한다.

2.1 Blender 3D 4.0.1 프로그램 설치 방법

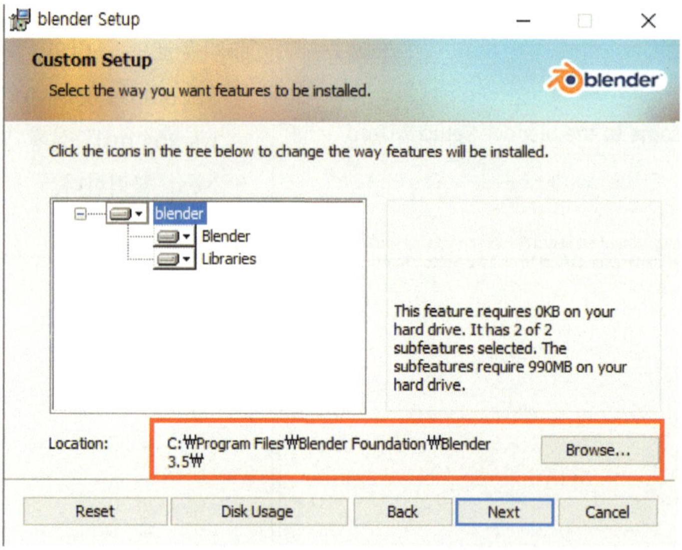

① Location 부분에서 저장위치를 설정한다.
② Next를 선택한다.

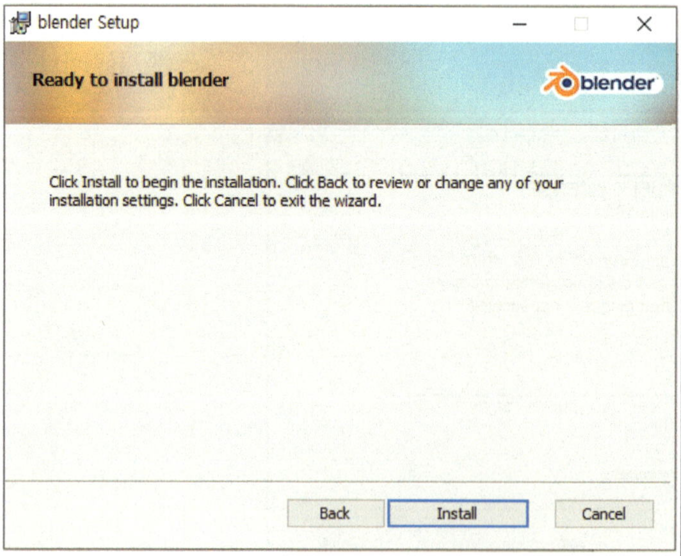

③ Install를 클릭한다.

2.2 Addon 추가 방법_Blender-OSM

- 기초지형 제작을 위한 기본 Add-on
- 지형, 수면, 녹지 등을 생성하는 도구

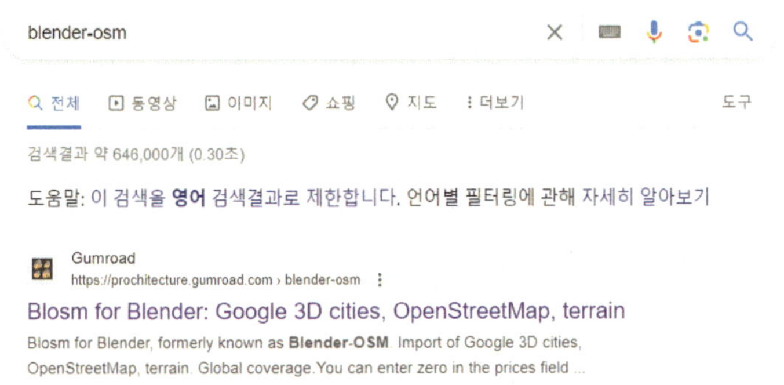

① Google 창에 Blender-osm를 검색한다.

② Gumroad 사이트의 Blosm for Blender를 클릭한다.

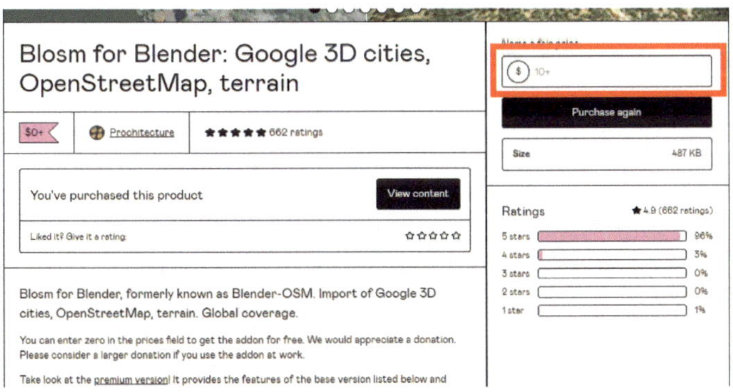

③ 오른쪽 가격 부분에 “0”을 입력한다.

④ purchase again을 클릭한다.

2.2 Addon 추가 방법_Blender-OSM

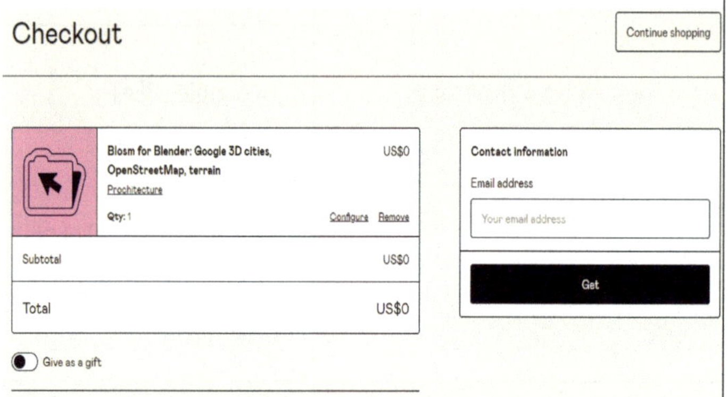

① Email을 입력한다.
② Get 버튼을 클릭한다.

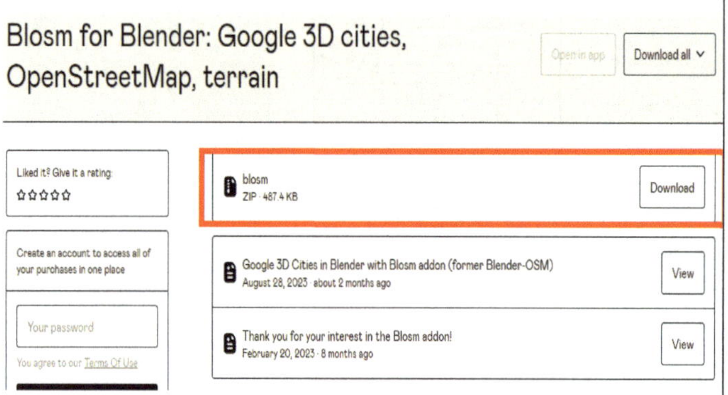

③ blosm의 Download를 클릭한다.
④ blosm.zip 파일 다운로드 완료 후 Blender 3D를 실행한다.

2.2 Addon 추가 방법_Blender-OSM

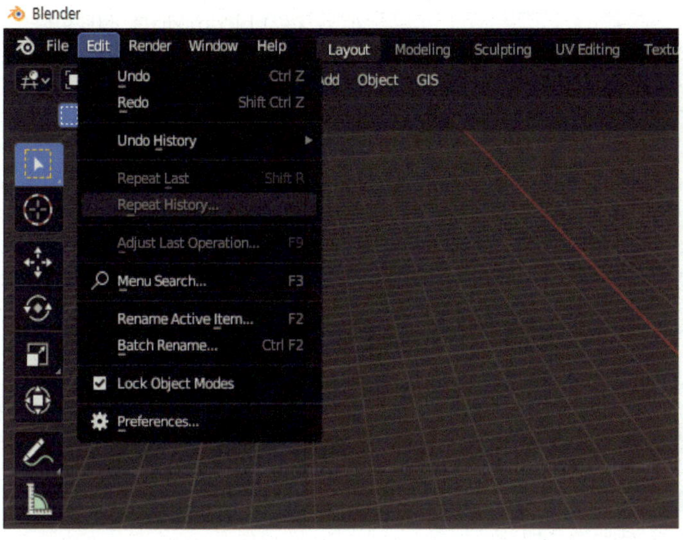

① 좌측 상단의 Edit 메뉴를 선택한다.
② Edit 메뉴 중 Preferences를 선택 및 실행한다.

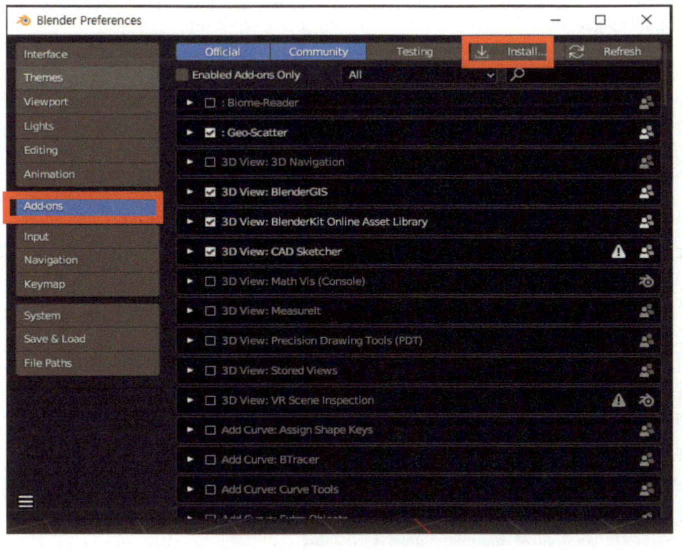

③ 메뉴창의 좌측 Add-ons를 클릭한다.
④ Install을 클릭한다.

2.2 Addon 추가 방법_Blender-OSM

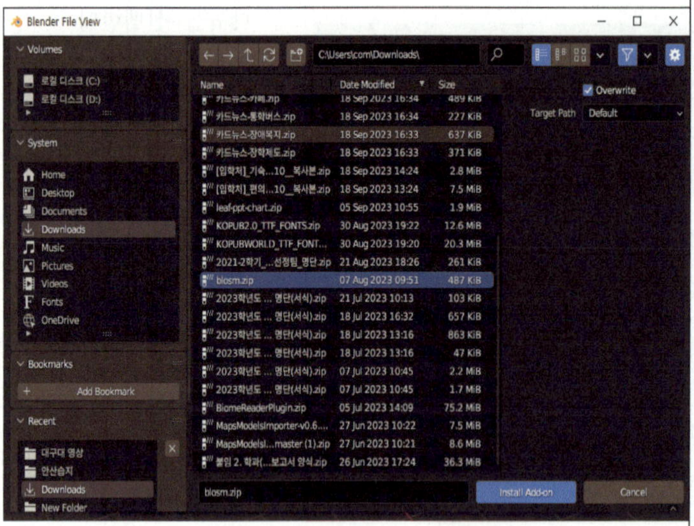

① Downloads를 선택한다.
② blosm.zip를 선택한다.
③ Install 및 Add-on을 클릭한다.

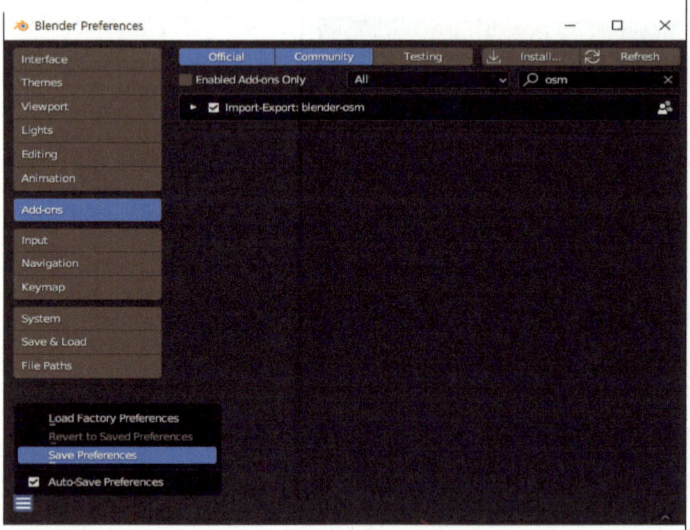

④ 오른쪽 위의 검색창에 osm을 검색한다.
⑤ Import-Export: blender-osm 옆 체크박스를 클릭한다.
⑥ 좌측 하단의 속성메뉴를 선택한다.
⑦ Save Preferences를 선택한다. (Add-ons 저장)

2.2 Addon 추가 방법_Blender Kit

- 제질, HDRI, 모델 등을 검색하고 로드하기 위한 기본 도구

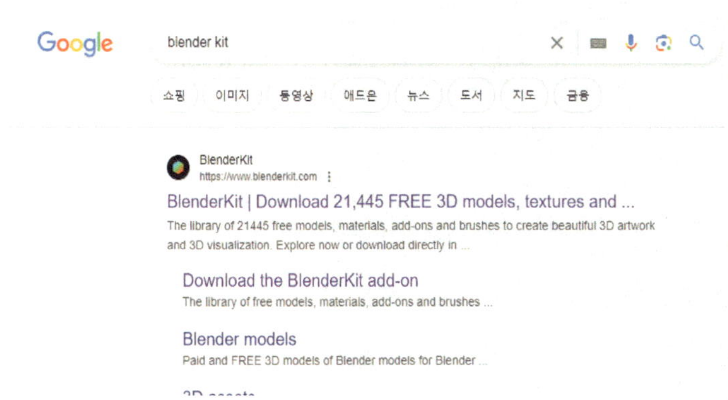

① Google 검색창에 Blenderkit을 검색한다.

② BlenderKit 사이트를 클릭한다.

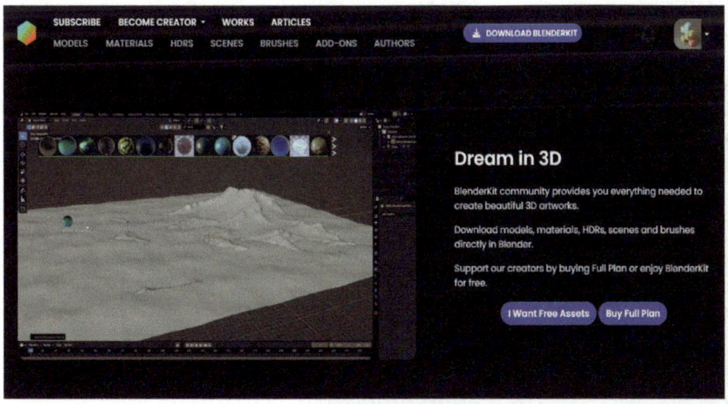

③ DOWNLOAD BLENDERKIT을 클릭한다.

2.2 Addon 추가 방법_Blender Kit

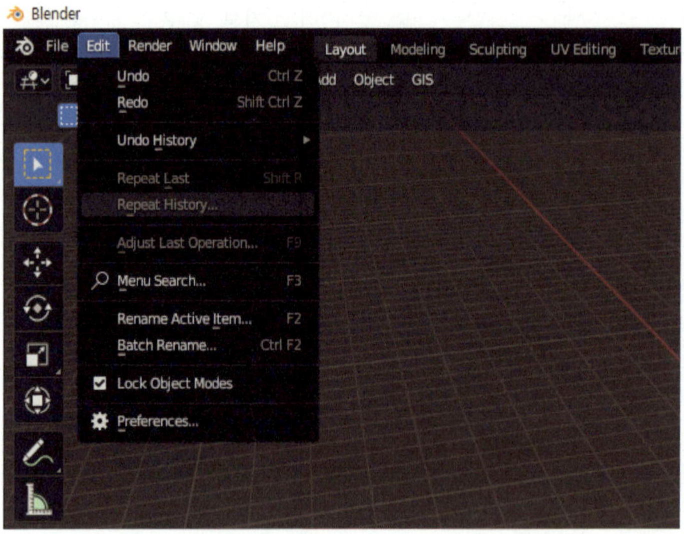

① 좌측 상단의 Edit 메뉴를 선택한다.

② Edit 메뉴 중 Preferences를 선택 및 실행한다.

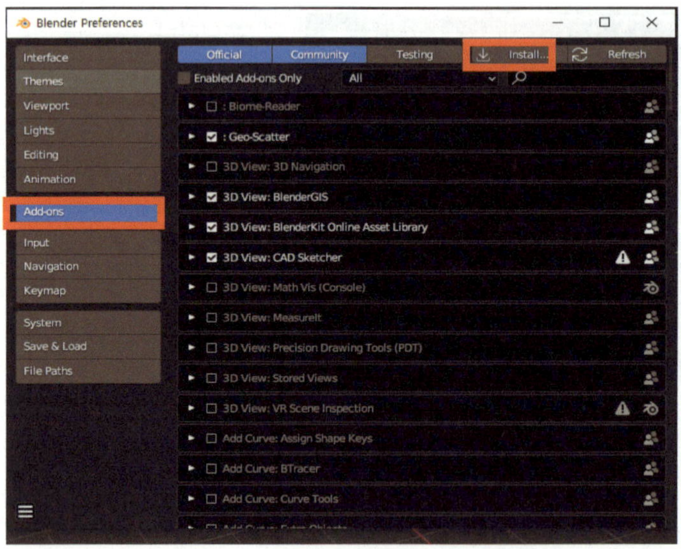

③ 메뉴창의 좌측 Add-ons를 클릭한다.

④ Install을 클릭한다.

2.2 Addon 추가 방법_Blender Kit

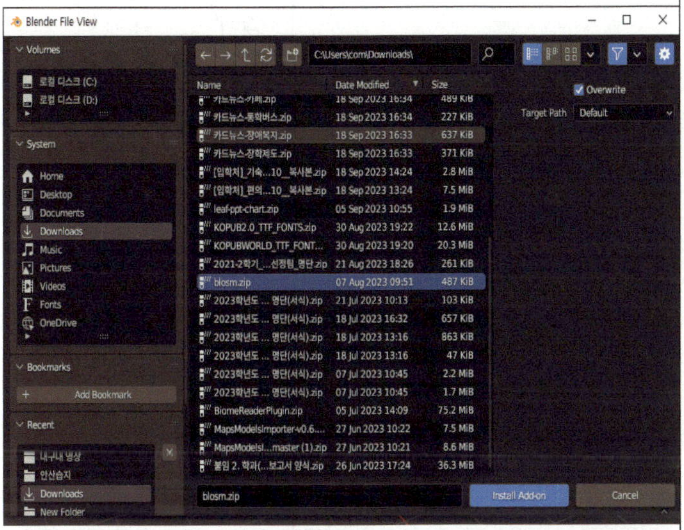

① Downloads를 선택한다.

② Blenderkit-v3.zip를 선택한다.

③ Install 및 Add-on을 클릭한다.

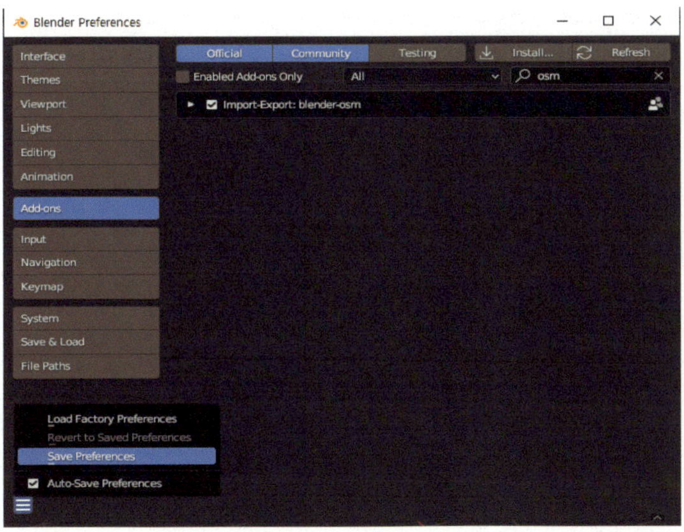

④ 오른쪽 위의 검색창에 blenderkit을 검색한다.

⑤ Import-Export: blender-osm 옆 체크박스를 클릭한다.

⑥ 좌측 하단의 속성메뉴를 선택한다.

⑦ Save Preferences를 선택한다. (Add-ons 저장)

2.2 Addon 추가 방법_Sketchfab

- 주로 오브젝트 또는 모델을 불러오기 위한 도구

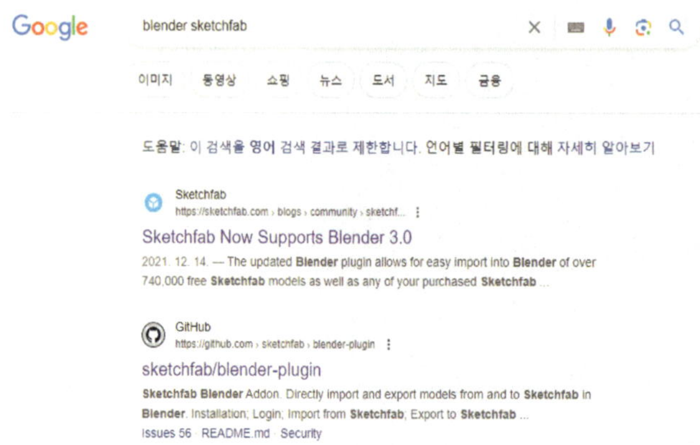

① Google 창에 Sketchfab을 검색한다.

② GitHub 사이트를 클릭한다.

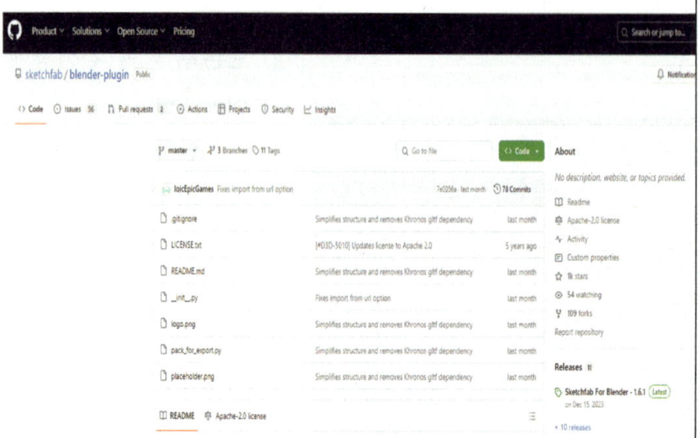

③ Sketchfab For Blender – 1.6.1를 클릭한다.

2.2 Addon 추가 방법_Sketchfab

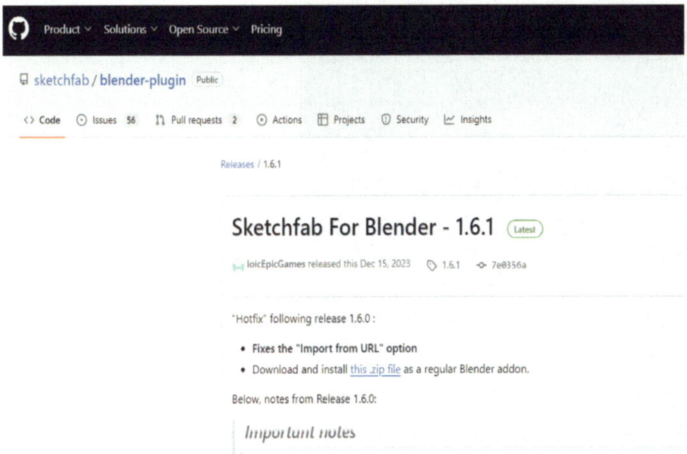

① this .zip flie을 클릭한다.

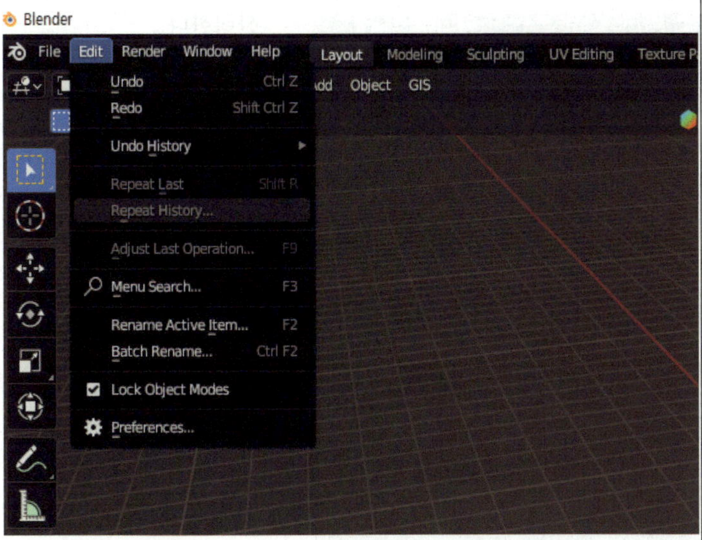

② 좌측 상단의 Edit 메뉴를 선택한다.

③ Edit 메뉴 중 Preferences를 선택 및 실행한다.

2.2 Addon 추가 방법_Sketchfab

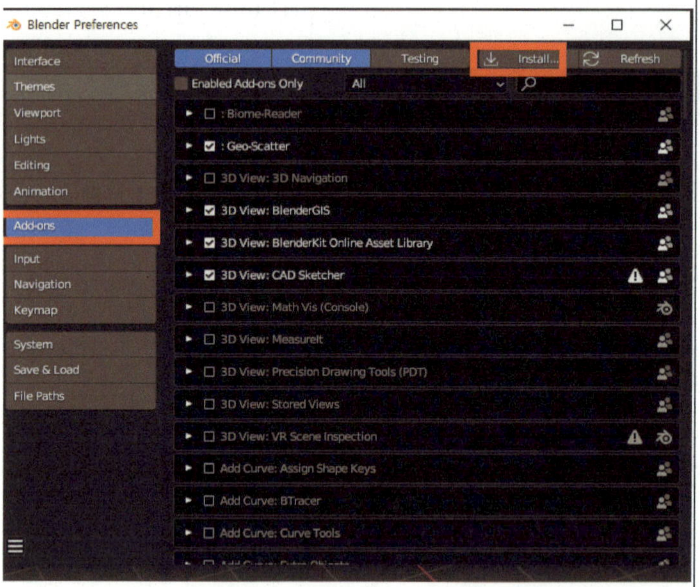

① 메뉴창의 좌측 Add-ons를 클릭한다.
② Install을 클릭한다.

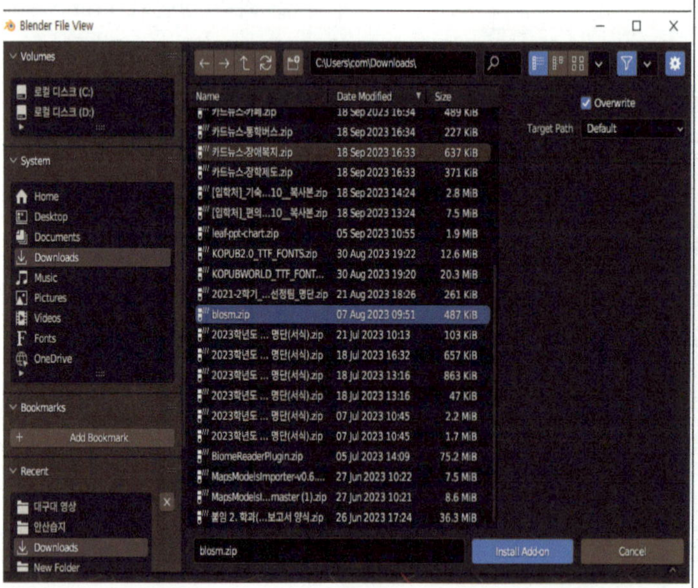

③ Downloads를 선택한다.
④ sketchfab-plugin.zip를 선택한다.
⑤ Install 및 Add-on을 클릭한다.

2.2 Addon 추가 방법_Sketchfab

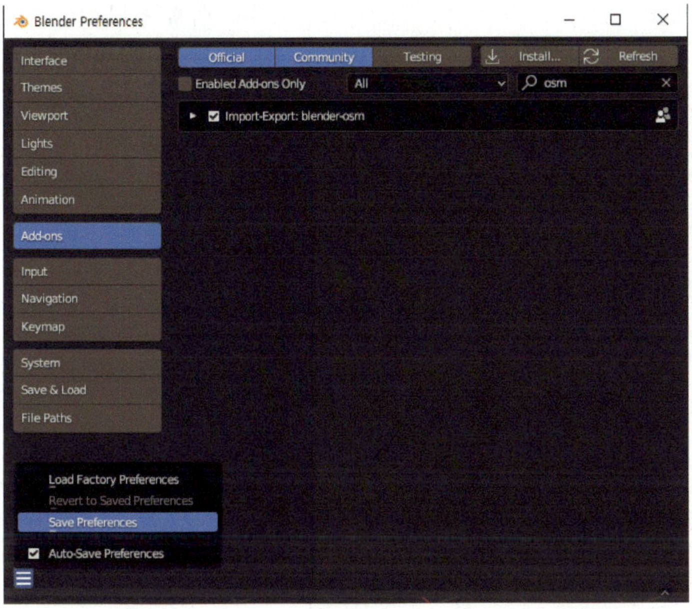

① 오른쪽 위의 검색창에 blenderkit을 검색한다.

② Import-Export: blender-osm 옆 체크박스를 클릭한다.

③ 좌측 하단의 속성메뉴를 선택한다.

④ Save Preferences를 선택한다. (Add-ons 저장)

2.2 Addon 추가 방법_Geo-Scatter

- 기본 식재 Add-on
- 프록시를 활용한 용량 및 데이터 축소 기능

* 유료 애드온

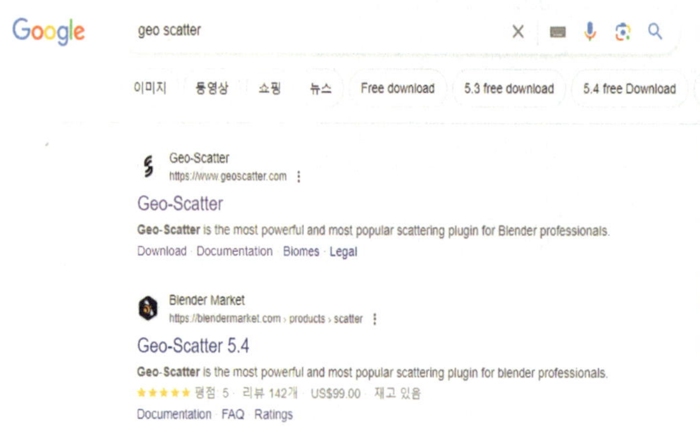

① Google 창에 geo scatter를 검색한다.

② Blender Market 사이트를 클릭한다.

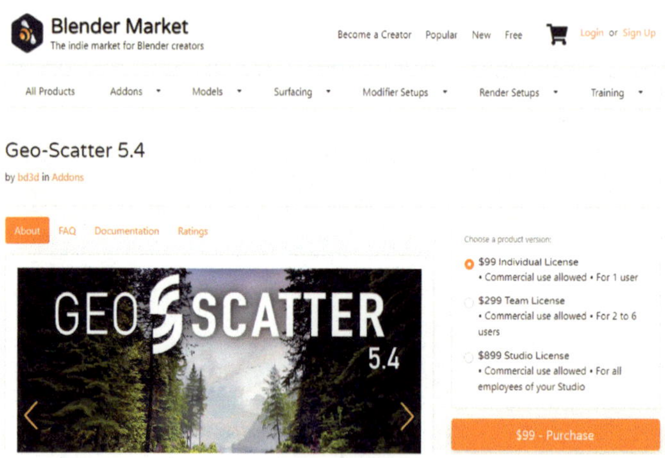

③ 회원가입 및 로그인을 진행한다.

④ Purchase 클릭 후 다운로드를 클릭한다.

2.2 Addon 추가 방법_Geo-Scatter

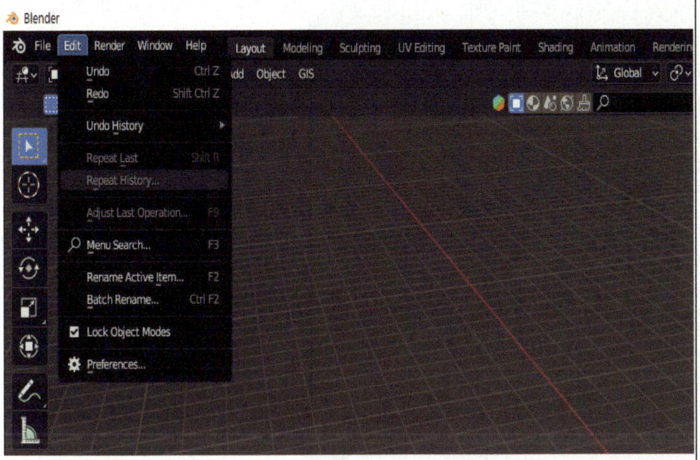

① Blender 프로그램으로 이동한다.

② 좌측 상단의 Edit 메뉴를 선택한다.

③ Edit 메뉴 중 Preferences를 선택 및 실행한다.

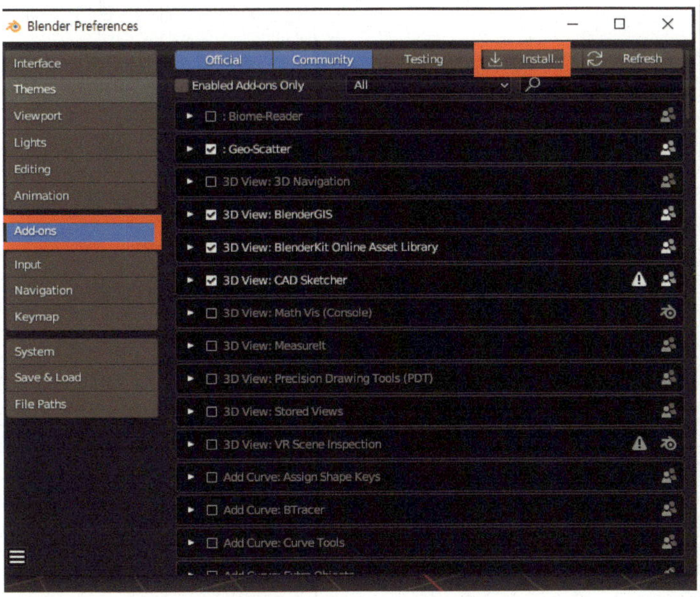

④ 메뉴창의 좌측 Add-ons를 클릭한다.

⑤ Install을 클릭한다.

2.2 Addon 추가 방법_Geo-Scatter

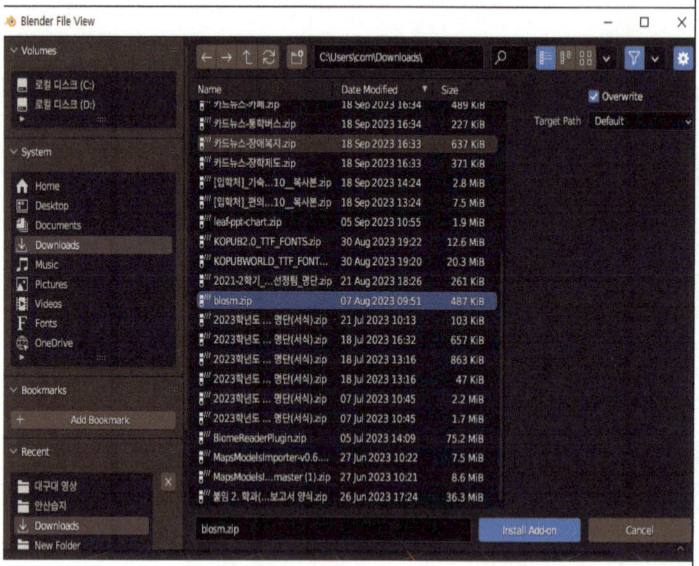

① Downloads 선택

② Geo-scatter.zip을 선택한다.

③ Install 및 Add-on을 클릭한다.

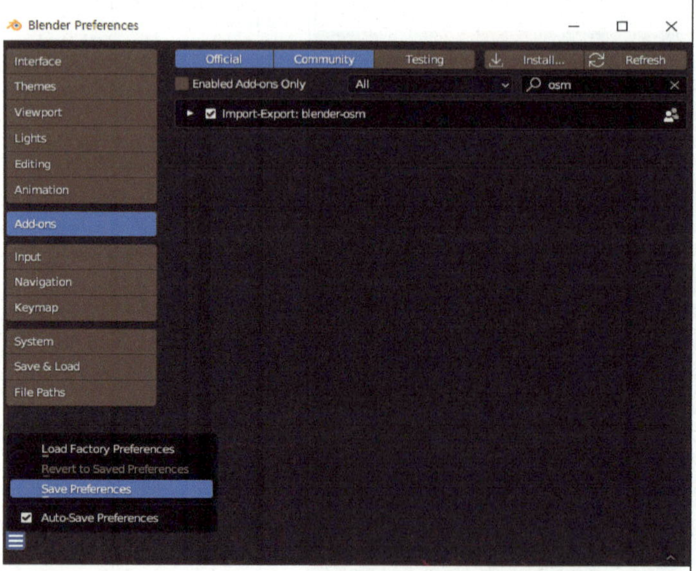

④ 오른쪽 위의 검색창에 geo를 검색한다.

⑤ Import-Export: Geo-Scatter 옆 체크박스를 클릭한다.

⑥ 좌측 하단의 속성메뉴를 선택한다.

⑦ Save Preferences을 선택한다. (Add-ons 저장)

2.2 Addon 추가 방법_Botaniq

- 수목관련 모델을 쉽게 로드할 수 있는 애드온

* 유료 애드온

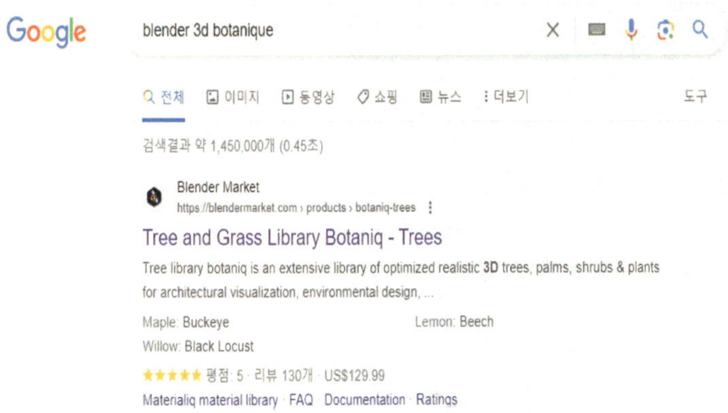

① 구글창에 Blender3D botanique을 검색한다.

② "Tree and Grass Library Botaniq" 사이트에 접속한다.

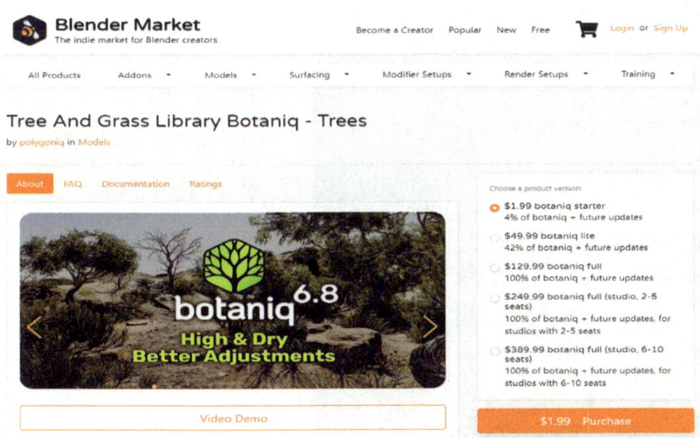

③ botaniq 6.8을 다운 받아 준다.

④ 가격대에 따라 수종이 많아진다.

2.2 Addon 추가 방법_Botaniq

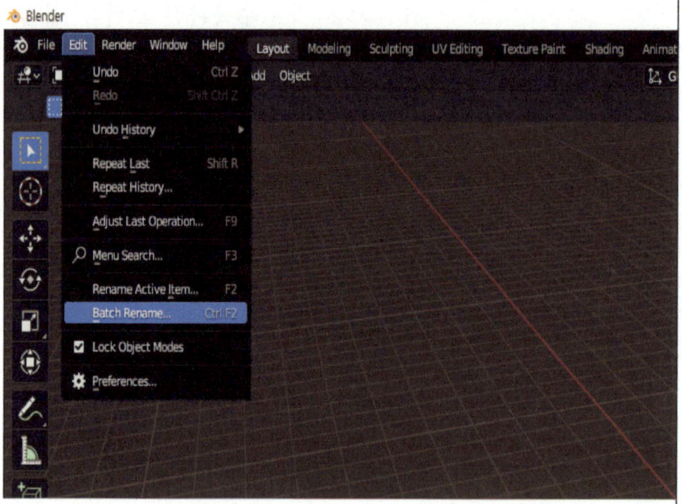

① Blender3D 화면으로 전환한다.

② 상단 메뉴의 Edit를 클릭한다.

③ Preferences 메뉴를 클릭한다.

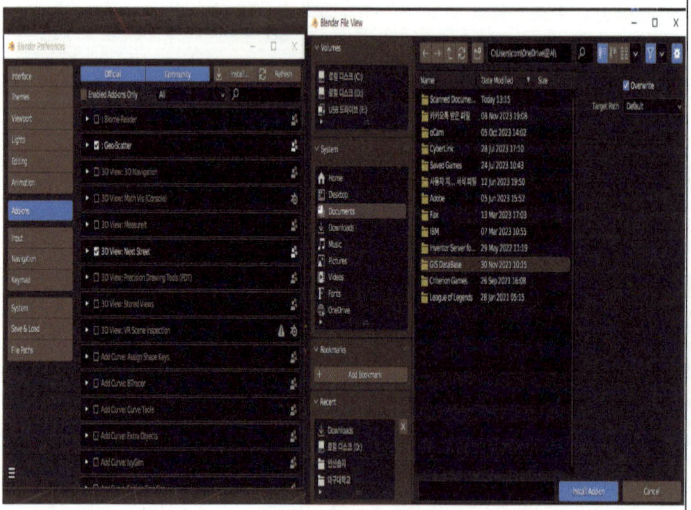

④ Addons 메뉴의 Install을 클릭한다.

⑤ Downloads를 선택한다.

⑥ botaniq_full.zip을 선택 후 Install 및 Add-on을 클릭한다.

⑦ 창을 닫아준다.

2.2 Addon 추가 방법_Botaniq

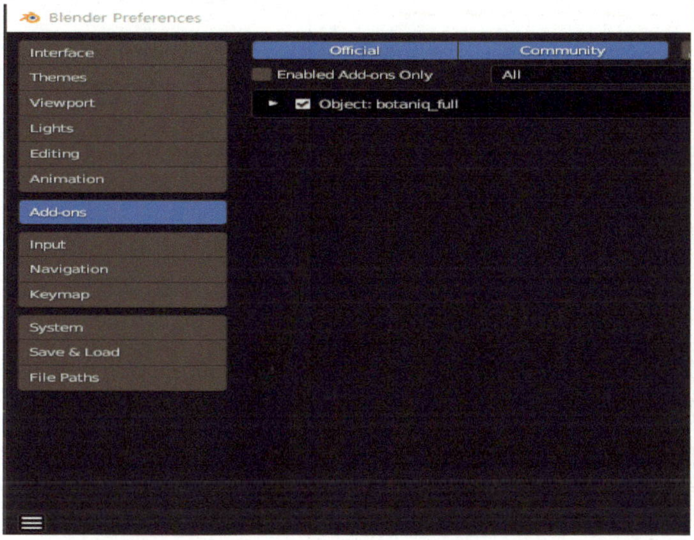

① botaniq을 검색한다.
② 체크박스를 활성화한다.
③ 창을 닫아준다.

2.2 Addon 추가 방법_Next Street V3

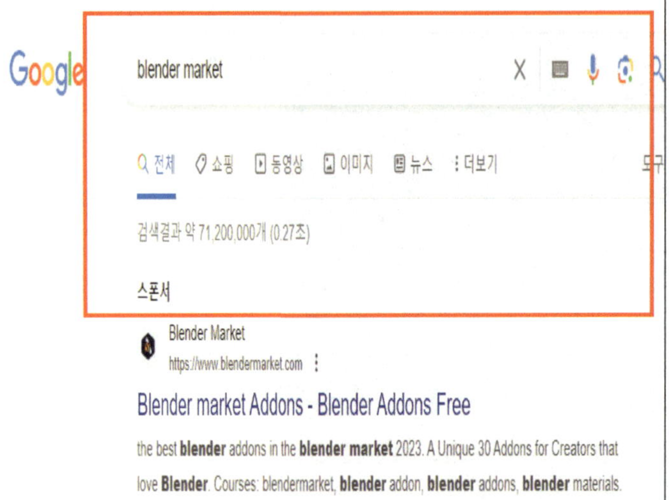

① Google 검색창에 Blender Market을 검색 후 접속한다.

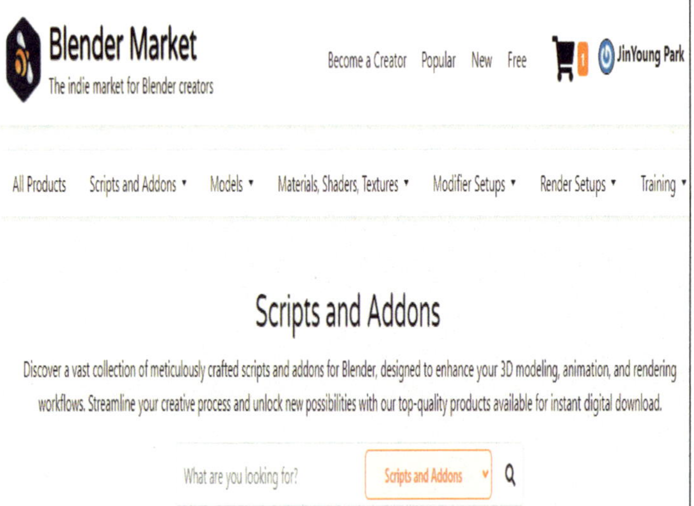

② 회원가입 진행 후 로그인한다.

③ 화면 상단의 Scripts and Addons를 클릭한다.

④ 'What are you looking for?'의 검색창에 Road를 검색한다.

2.2 Addon 추가 방법_Next Street V3

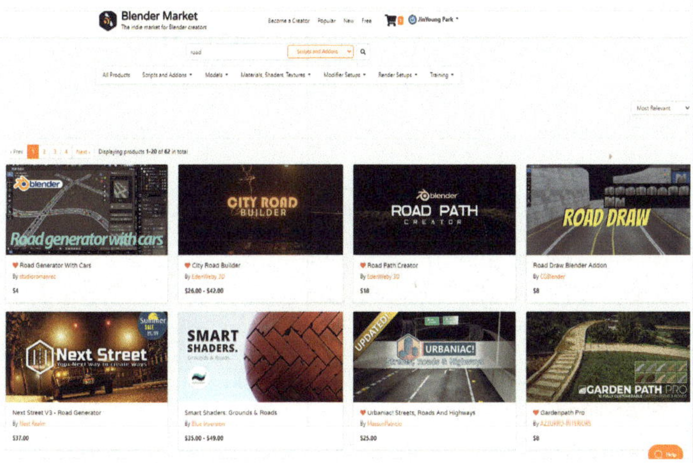

① 화면 2번째줄 왼쪽 첫 번째 Addon인 'Next Street V3'를 클릭한다.

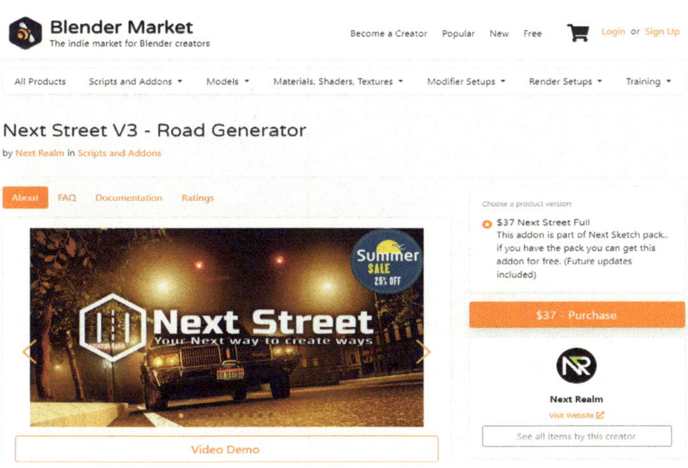

② '$37 – Purchase'를 선택한다.

2.2 Addon 추가 방법_Next Street V3

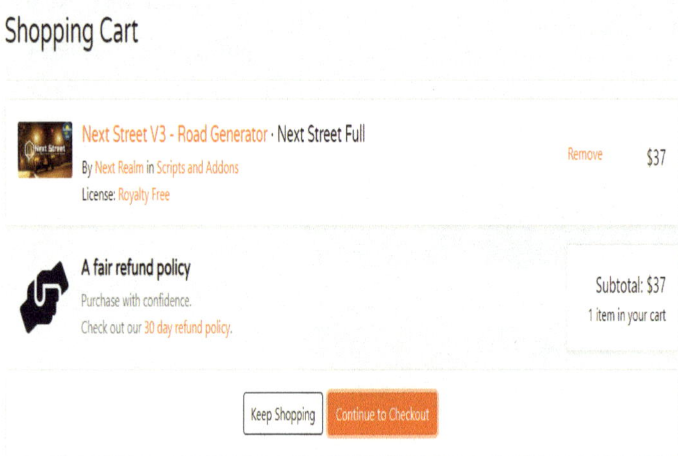

① 'Continue to Checkout'를 클릭한다.

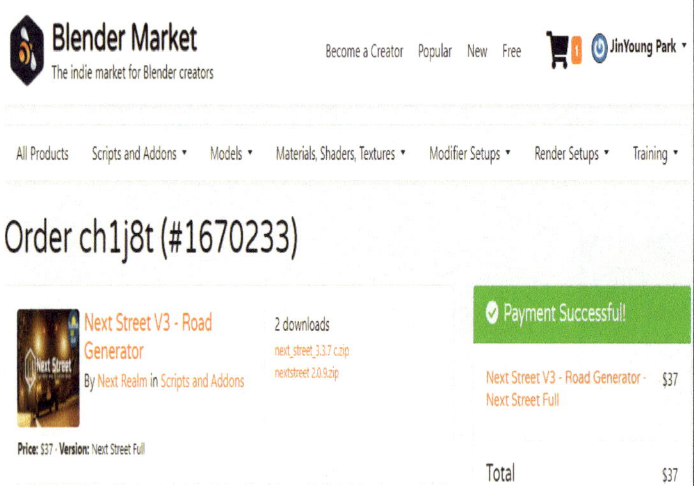

② 결재 후 'next_street_3.3.7c.zip'를 클릭 및 다운로드 한다.
③ Blender 3D 화면으로 전환한다.

2.2 Addon 추가 방법_Next Street V3

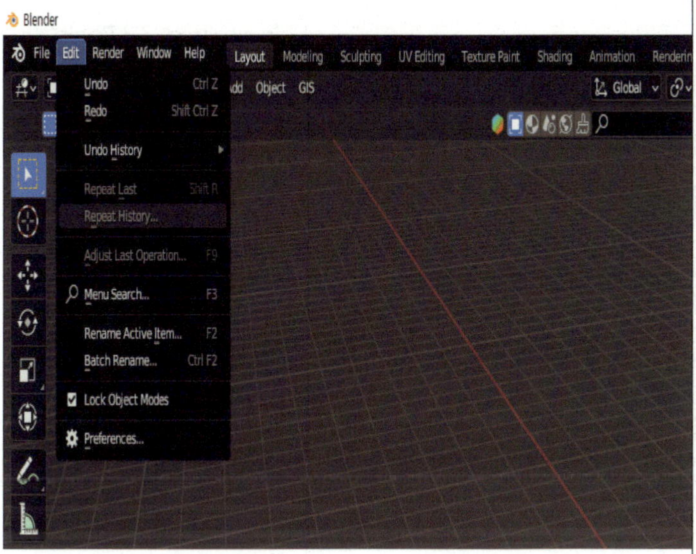

① 좌측 상단의 Edit 메뉴를 선택한다.

② Edit 메뉴 중 Preferences를 선택해 실행한다.

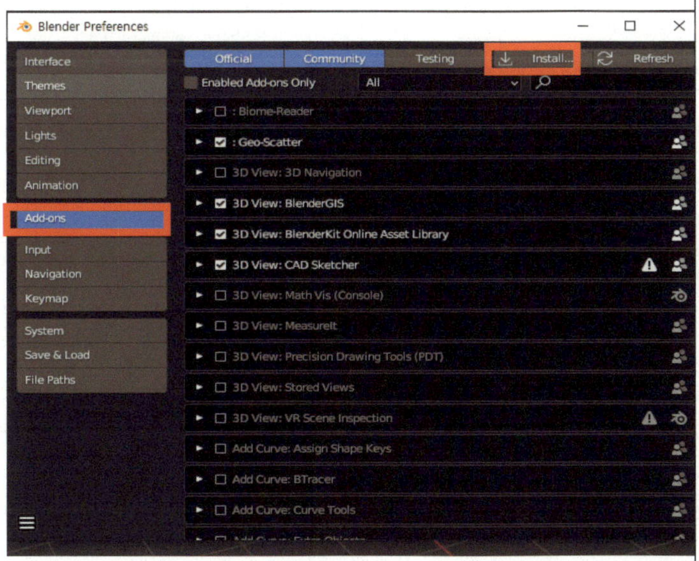

③ 왼쪽의 Add-ons를 클릭한다.

④ 오른쪽의 Install을 클릭한다.

2.2 Addon 추가 방법_Next Street V3

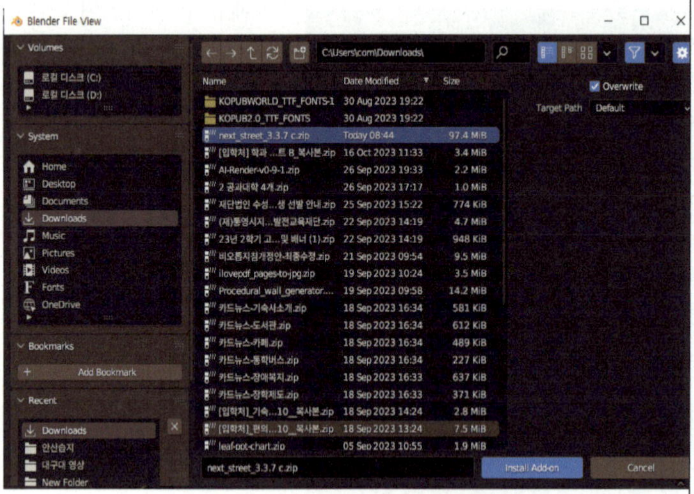

① Downloads 파일에서 'next_street_3.3.7c.zip'를 클릭한다.

② Install 및 Addon을 선택한다.

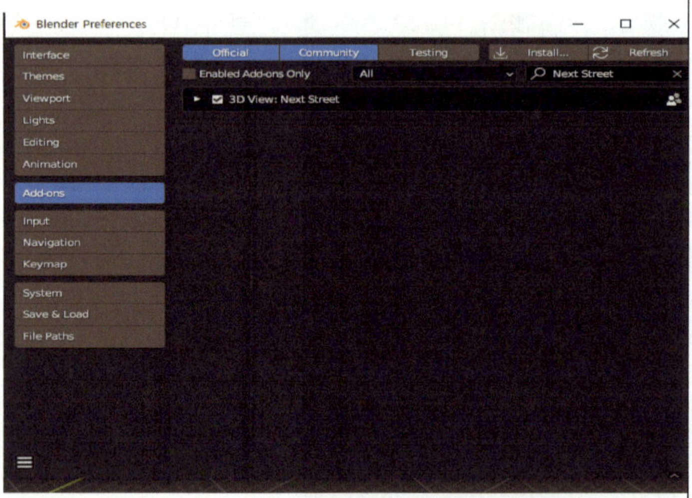

③ 체크박스를 클릭한다. (Addon 활성화)

④ X를 눌러 창을 종료한다.

2.2 Addon 추가 방법_Bulidings Generator Blender

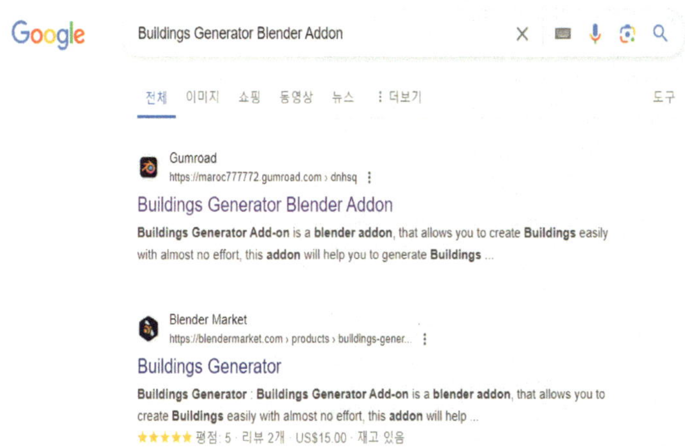

① Google에 Buildings Generator Blender Addon을 검색한다.

② Gumroad 사이트에 접속한다.

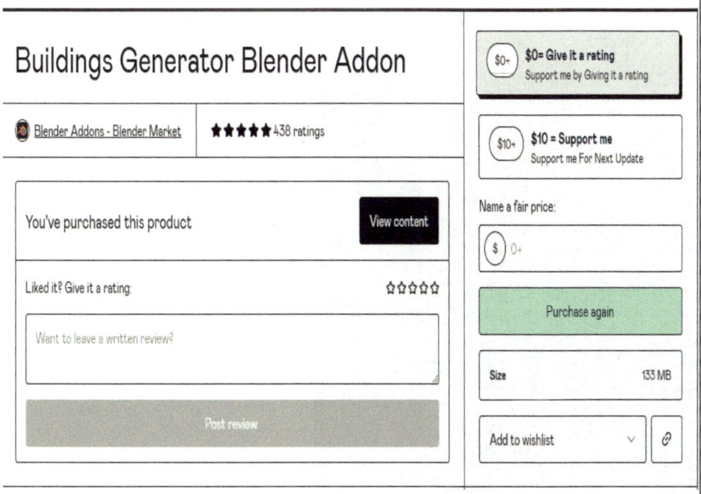

③ $0을 선택하고 0을 입력한 후 Purchase again을 클릭한다.

④ e-mail을 입력하고 다운로드 한다.

2.2 Addon 추가 방법_Bulidings Generator Blender

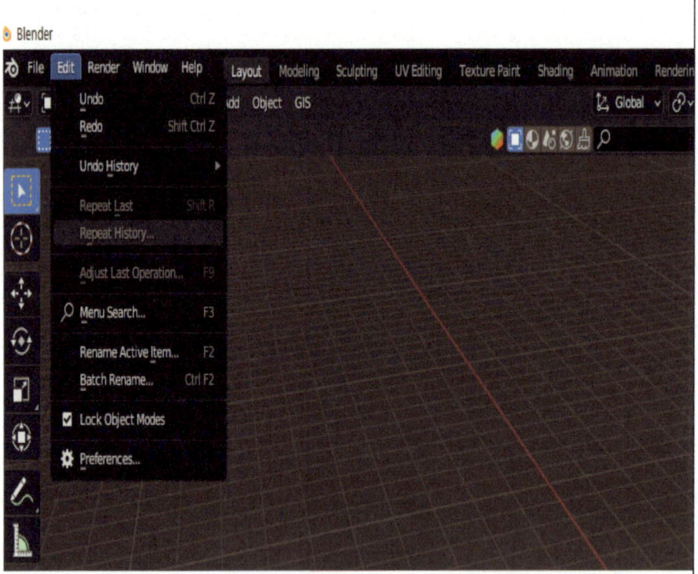

① 좌측 상단의 Edit 메뉴를 선택한다.

② Edit 메뉴 중 Preferences를 선택해 실행한다.

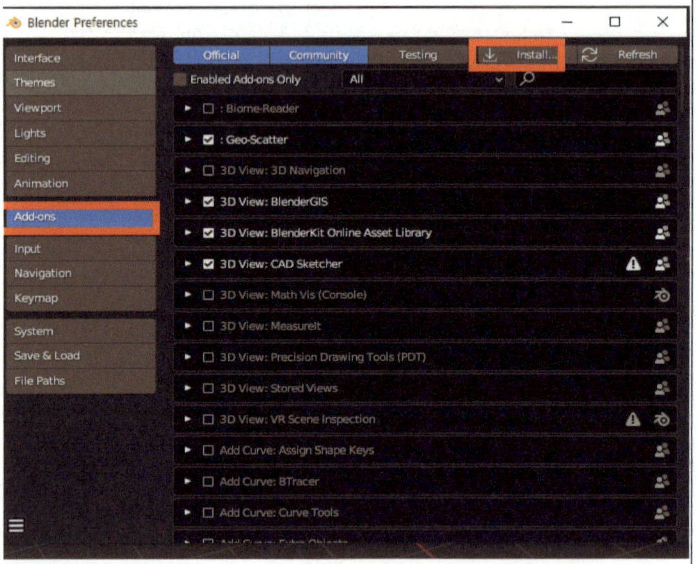

③ 왼쪽의 Add-ons를 클릭한다.

④ 오른쪽의 Install을 클릭한다.

2.2 Addon 추가 방법_Bulidings Generator Blender

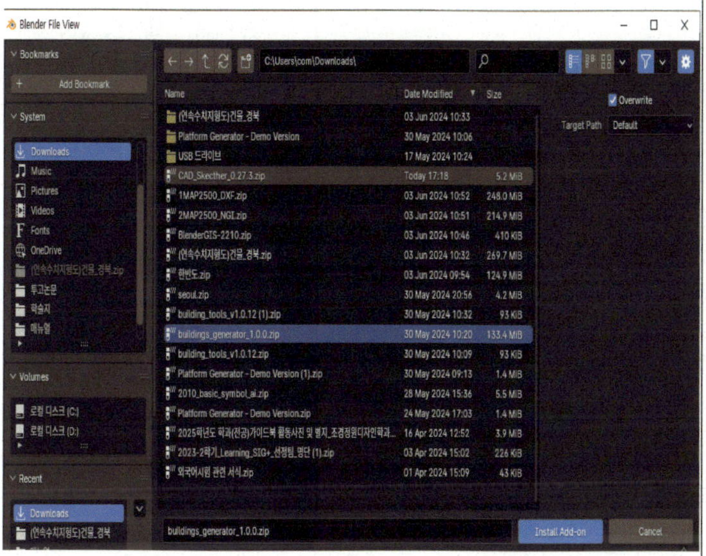

⑤ Downloads 파일에서 'buildings_generator_1.0.0.zip'를 클릭한다.

⑥ Install 및 Addon을 선택한다.

2.2 Addon 추가 방법_CAD Sketcher

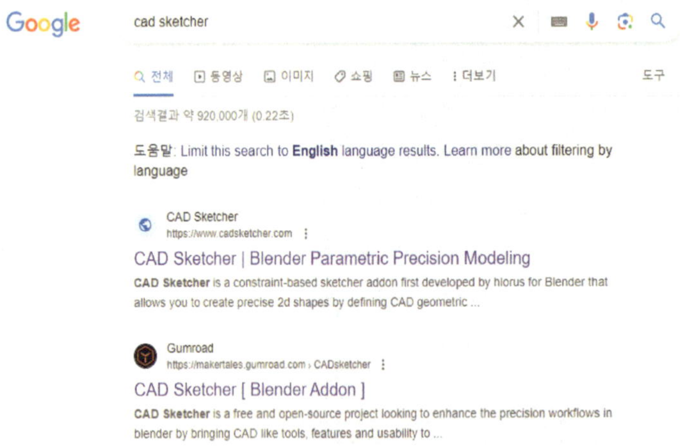

① 구글 검색창에 Cad Sketcher를 검색한다.

② Gumroad의 CAD Sketcher[Blender Addon]를 선택한다.

③ "5"를 입력한다.

④ Purchase again을 클릭한다.

2.2 Addon 추가 방법_CAD Sketcher

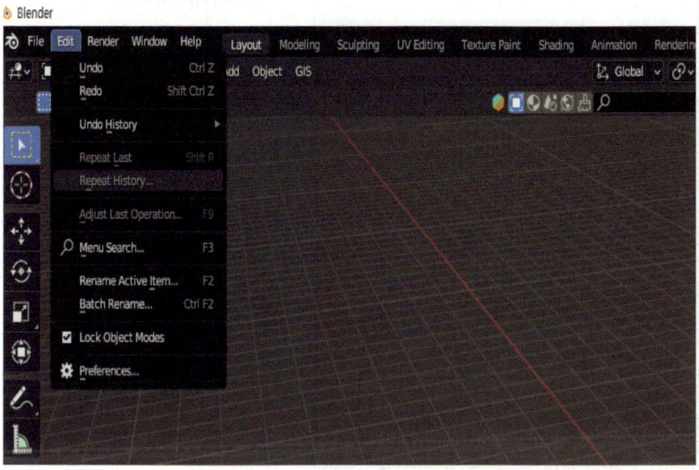

① 상단의 Edit 메뉴를 클릭한다.

② Preferences를 실행한다.

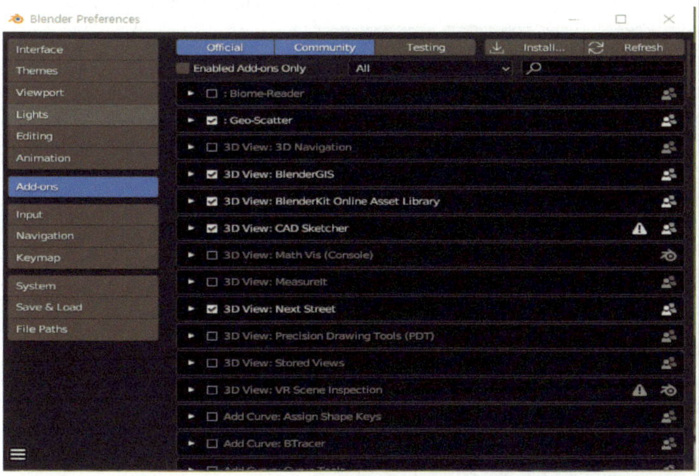

③ 왼쪽 메뉴의 Add-ons를 클릭한다.

④ 상단 메뉴의 Install을 클릭한다.

2.2 Addon 추가 방법_CAD Sketcher

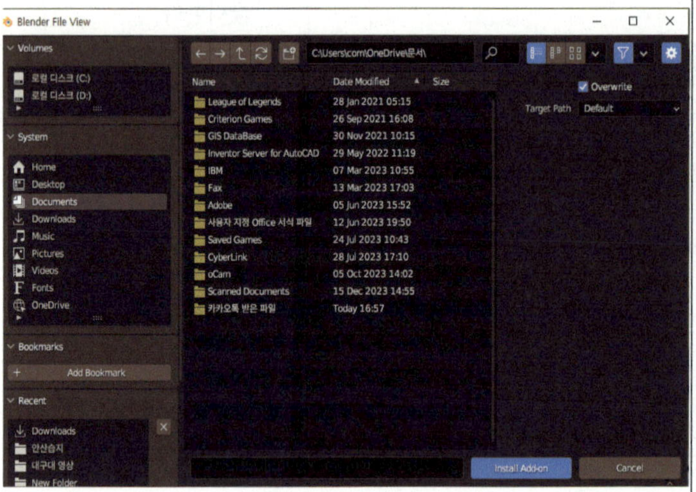

① System 메뉴에서 Downloads를 선택한다.
② CAD Sketcher 0.27.zip을 선택한다.
③ Install 및 Add-on을 클릭한다.

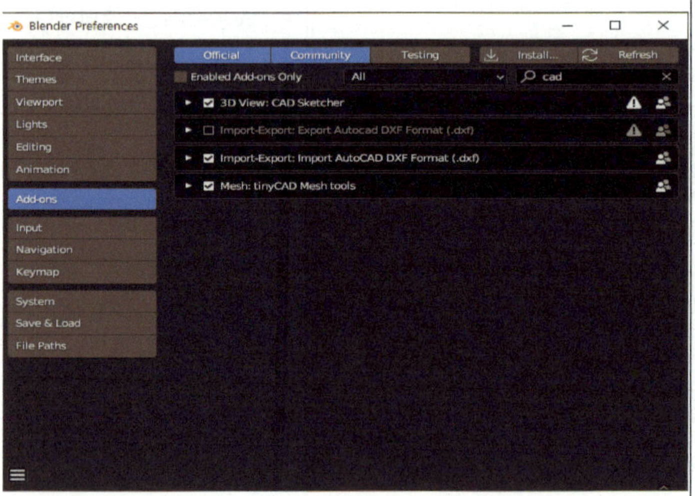

④ CAD를 검색한다.
⑤ 체크박스를 활성화 한다.
⑥ 창 닫기를 클릭한다.

Blender 3D 기본 설정 및 기초 따라 하기

CHAPTER 03

3.1 Blender 3D 파일 환경설정_파일경로 설정

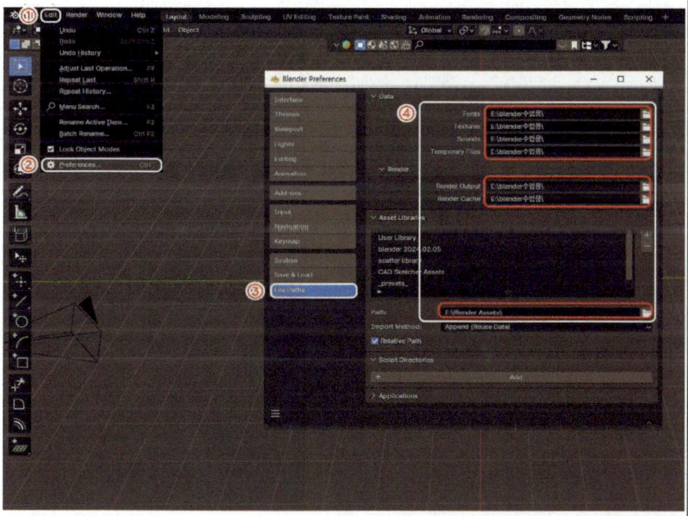

① 블렌더 프로그램 상단의 왼쪽 카테고리 'Edit'를 선택한다.

② 'Edit'의 세부 카테고리 'Preference'를 선택한다.

③ 'Preference' 창의 'File paths'를 선택한다.

④ 레드박스에 해당하는 모든 파일 경로를 하나로 통일한다.

※ 개체를 만들 때 이용되는 모든 소스들이 다른 데스크탑에서도 링크되어 원활히 구동되기 위해서는 한 경로에 소스들이 저장되어 있어야 함.

3.1 Blender 3D 파일 환경설정_렌더 유형 설정

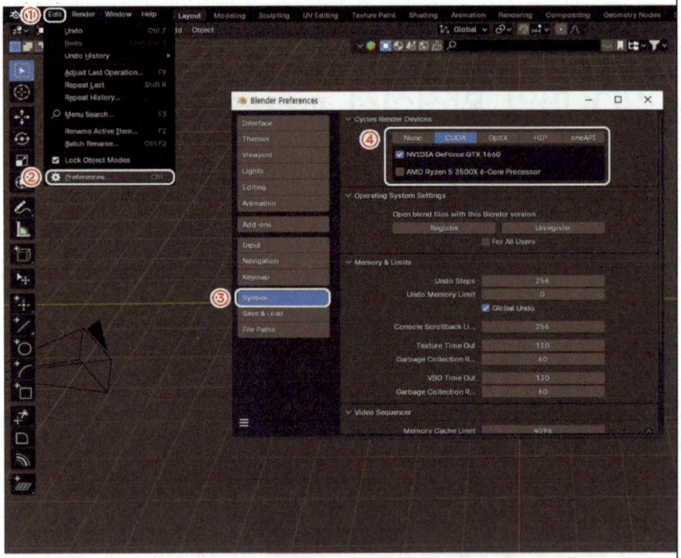

① '블렌더 메뉴'의 'Edit' 선택한다.

② 'Edit' 세부 카테고리의 'Preference' 선택한다.

③ 'Preference'창의 'System'을 선택한다.

④ 'Cycles Render Devices'에서 'CUDA'를 선택하고 해당 컴퓨터의 GPU를 선택한다.

※ 'Properties'에서 렌더 유형 설정이 가능. 기본 렌더 엔진은 Evee로 설정되어 있으며, 해당 메뉴얼에서는 이를 Cycles로 변경하여 현실적인 렌더 표현이 되도록 설정 후 작업을 진행.

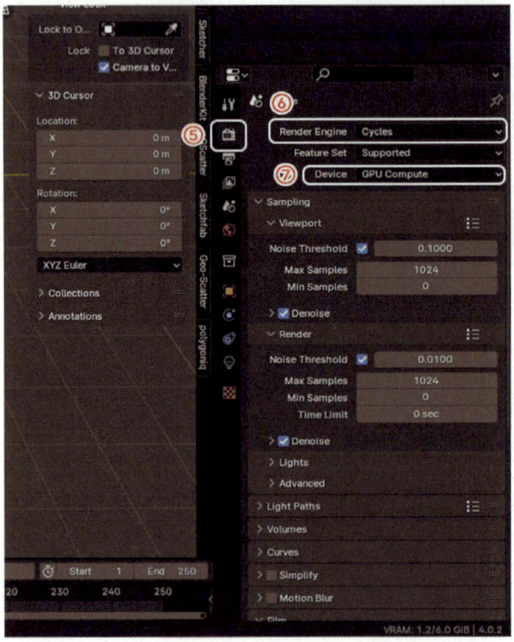

⑤ 'Properties'에서 'Render'를 선택한다.

⑥ 'Render Engine'을 'Cycles'로 변경한다.

⑦ 'Device'를 'GPU Compute'로 변경한다.

※ 단, 데스크탑의 GPU가 일체형일 경우는 CPU로 설정

3.1 Blender 3D 파일 환경설정_Blender 3D 프로그램 화면

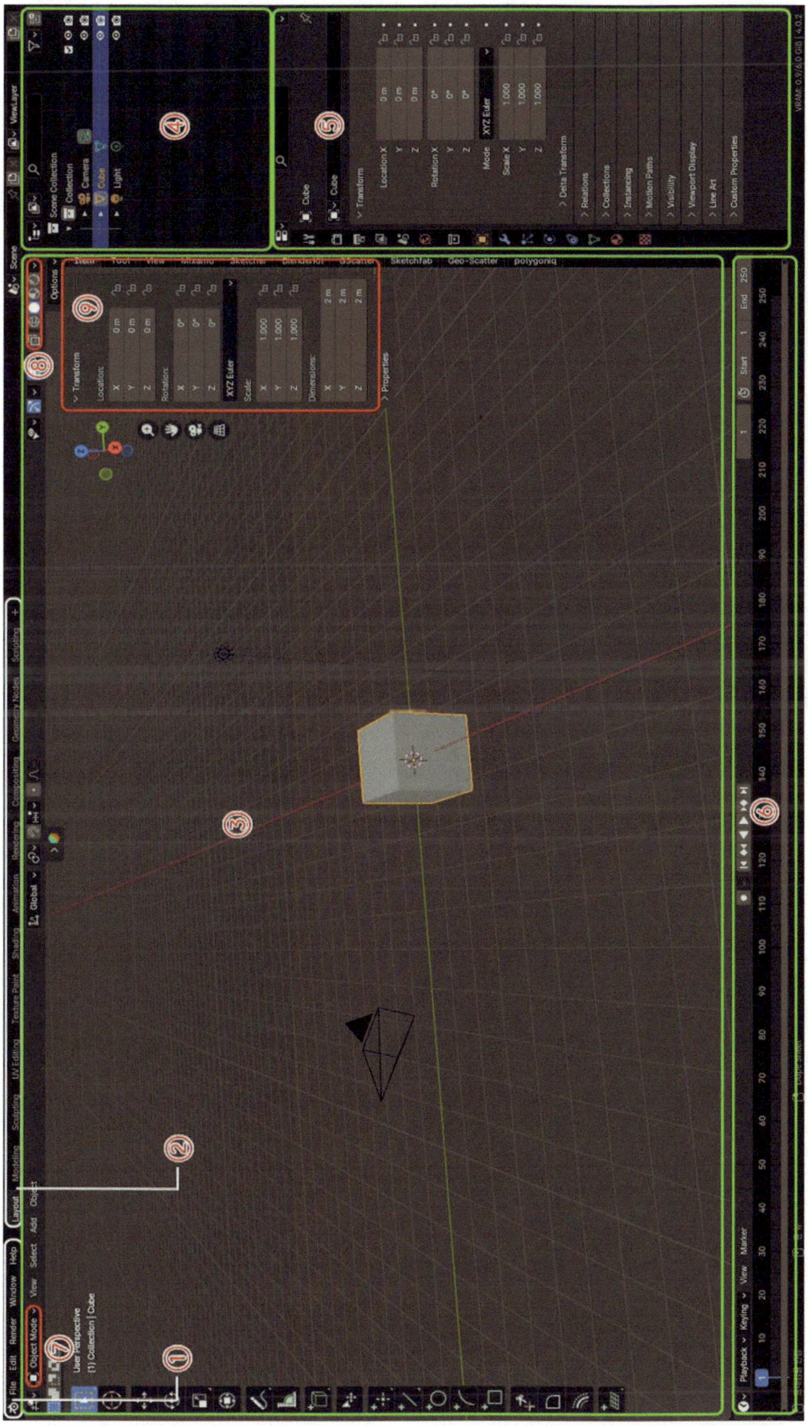

① Blender Menu (블렌더 메뉴)
② Work Space (작업 공간)
③ 3D Viewport (3D 뷰포트)
④ Outliner (아웃라이너)
⑤ Properties (프로퍼티스)
⑥ Time Line (타임라인)
⑦ Tool Bar (툴바)
⑧ Viewport Shading (뷰포트 셰이딩)
⑨ Side Bar (사이드바)

3.1 Blender 3D 파일 환경설정_Propoerties

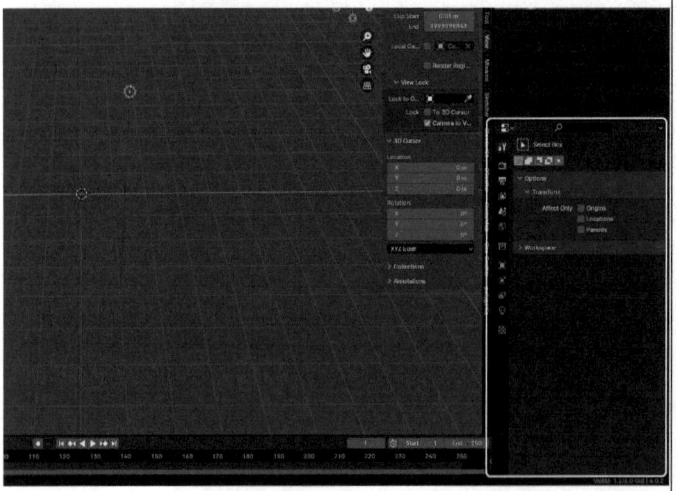

① Properties

- 3D Viewport 및 개체를 포함한 많은 활성 데이터를 표시하고 편집

3.1 Blender 3D 파일 환경설정_Outliner

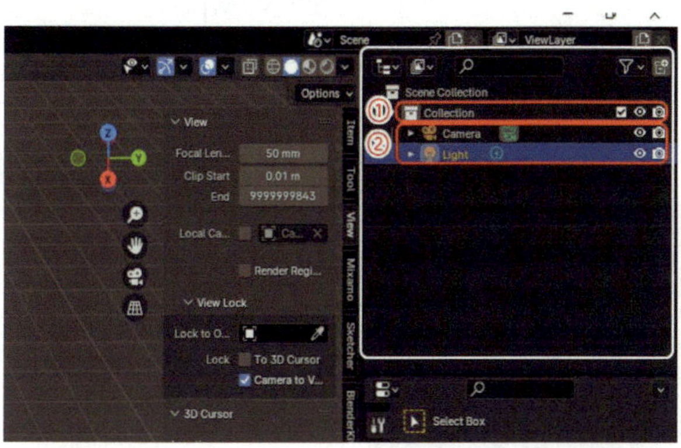

블렌더 파일 내에 데이터들(Scene데이터, 비디오 시퀀스 데이터 또는 블렌더 파일에 저장되는 모든 데이터)을 저장하는 리스트.

① Collection : Data-Block들을 그룹으로 묶는 기능

	체크박스 해제 시 View Layer에서 Collection이 제외됨.
	3D Viewport에서 데이터를 보여줌. 비활성화 시 Collection을 Viewport에서 일시적으로 숨김.
	Render 시 데이터를 보여줌. 비활성화 시 Render 과정에서 Collection은 숨김.

② Data-Block : Outliner의 각 행에 대한 명칭.
Data-Block Click을 통해 선택 혹은 해제 가능

	3D Viewport에서 데이터를 보여줌. 비활성화 시 Data-Block을 Viewport에서 일시적으로 숨김.
	Render 시 데이터를 보여줌. 비활성화 시 Render 과정에서 Data-Block은 숨김.

③ 삭제(Delete)기능

Collection Click+Delete	그룹 내 Data-Block은 남기고 Collection 상자만 삭제
Data-Block Click+Delete	Data-Block 삭제

3.2 Blender 3D 기초 기능 및 용어 설명_ 3D Viewport

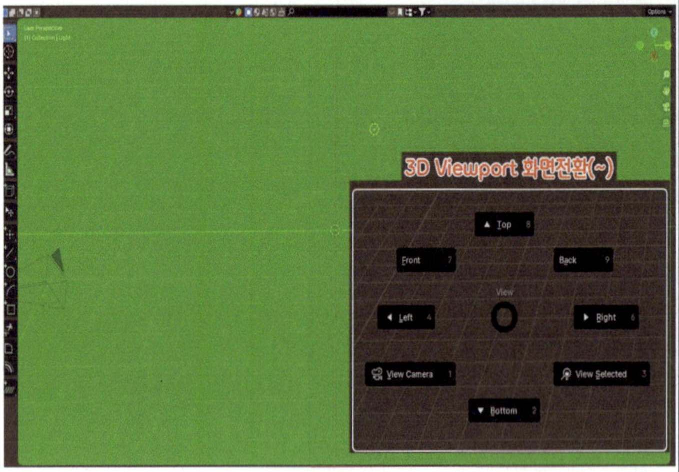

- 3D Viewport
모델링, 텍스쳐 페인팅, 애니메이션 등 다양한 작업이 이루어지는 3D 가상 작업 공간.

- 3D Viewport에서
화면전환 단축키 : '~'

▲ Top 8	수직으로 바라보는 뷰
◀ Left 4	좌측면도 뷰
▶ Right 6	우측면도 뷰
Front 7	정면도 뷰

3.2 Blender 3D 기초 기능 및 용어 설명_ Viewport Shading

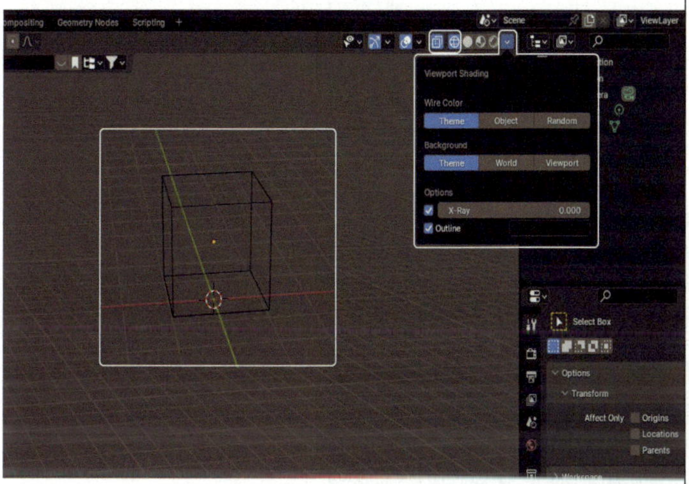

- Viewport Shading_ Wire Frame Mode
- 3D Viewport에서 개체의 가장자리(와이어프레임)만 표시. 해당 모드는 다른 모드와 달리 모든 가장자리가 보이기 때문에 개체의 가려진 부분까지 선택이 가능함.

3.2 Blender 3D 기초 기능 및 용어 설명_ Viewport Shading

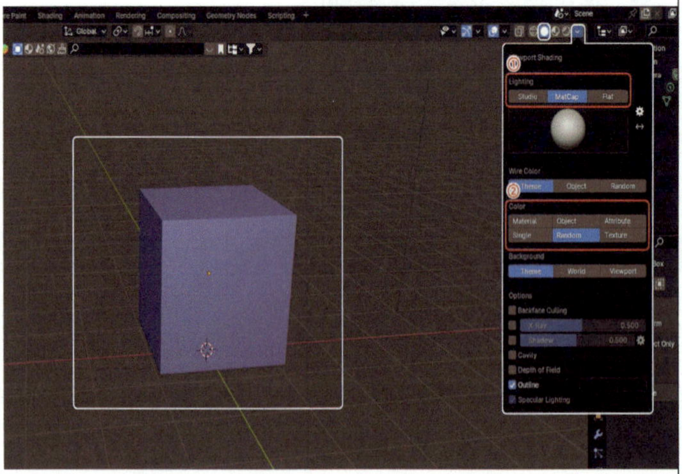

- Viewport Shading_ Solid Mode
  - 쉐이더 노드 등의 절차를 거치지 않고 개체에 간단한 색과 조명을 부여함. 버퍼링의 영향 없이 작업을 할 수 있는 최적의 모드.

① Matcap
- Solid Mode의 Option에서 빛을 Matcap으로 선택하면 용량의 증가 없이 개체에 조명을 부여할 수 있음.

② Color
- Solid Mode의 Option에서 색을 Rendom으로 선택하면 개체를 3D Viewport에 생성할 때마다 임의의 색이 부여되어 모델링시 식별 가능.

※ Solid Mode에서 설정된 Color는 가짜 Lighting 기법이기 때문에 실제 렌더링에서는 색이 입혀지지 않음. 단, 적은 용량으로 색을 구별하며 빛의 방향을 파악한 채로 작업하기 매우 용이한 모드.

3.2 Blender 3D 기초 기능 및 용어 설명_ Viewport Shading

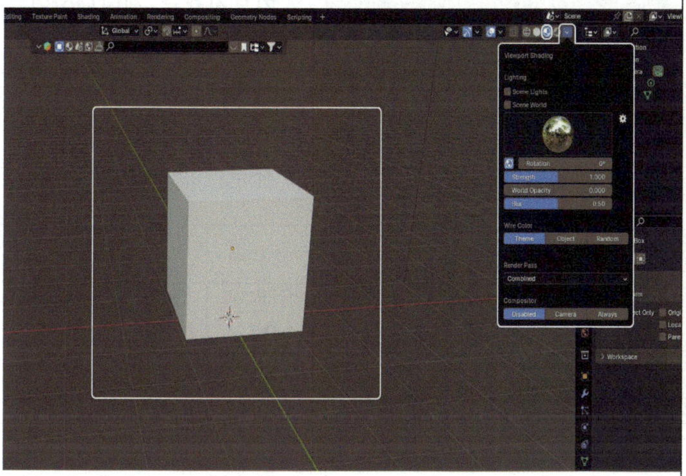

· Viewport Shading_ Material Preview Mode

- 재료를 미리 보고 개체에 텍스처를 입히는 데 적합함. Solid Mode에서 작업한 개체에 텍스처 및 빛을 입힐 때 용이하며, Solid Mode보다 사실감있는 재질로 표현이 되기 때문에 다소 용량이 많이 차지되어 일반 작업 시에는 부하가 걸릴 수 있음.

※ 해당 모드에서 가시적으로 확인되는 색과 빛은 렌더링 시에도 표현 됨.

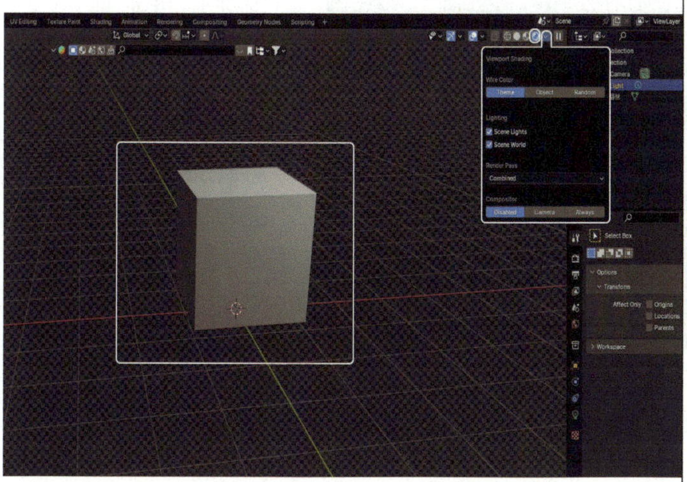

· Viewport Shading_ Rendered Mode

- 모델링과 텍스처 작업을 거친 개체를 렌더링하기 전 실제 렌더링 시 구현되는 형태, 빛, 재질 등의 최종 결과물을 미리 볼 수 있음.

※ 단, 실제 렌더 시에 구현되는 모습과 거의 유사하기 때문에 용량이 많이 들어 부하가 발생할 수 있으므로 렌더링 전 최종 결과물 확인 용도로만 사용하는 것이 적합.

3.2 Blender 3D 기초 기능 및 용어 설명_ Toolbar

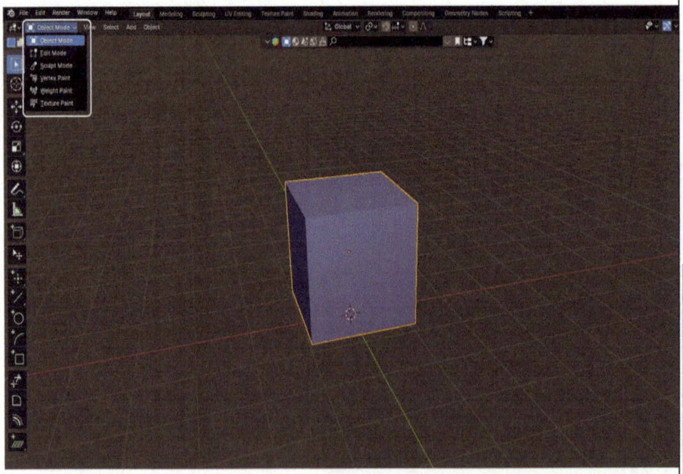

- Tool Bar_Object Mode
- Blender를 실행하였을 때 기본적으로 세팅되어있는 모드. 개체를 선택하고 삭제하거나 이동/회전/크기 변형 등이 가능.

이동(Grab)	단축키(G), 개체를 3D Viewport내에서 이동
회전(Rotation)	단축키(R), 개체를 3D Viewport 내에서 회전
크기(Scale)	단축키(S), 개체를 3D Viewport내에서 크기조절
※각각의 이동/회전/크기 단축키 입력+X키/Y키/Z키 중 하나를 누르면 해당 입력한 키를 제외한 나머지 축은 고정이 되어 입력한 축으로의 이동/회전/크기조절이 가능함	

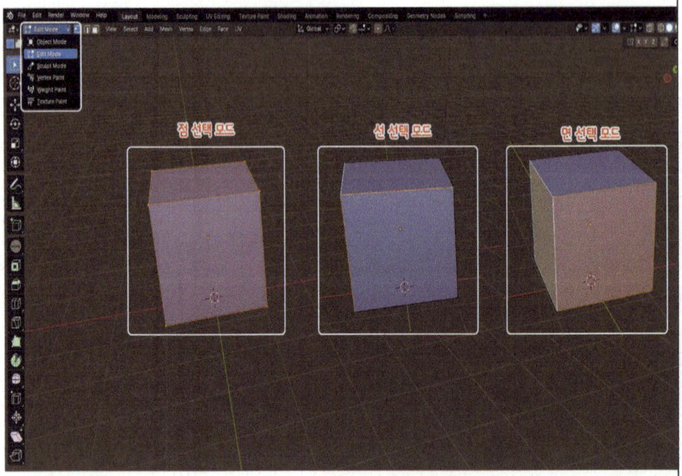

- Tool Bar_ Edit Mode
- 개체의 편집(Edit), 즉 '모양'을 바꿀 때 사용하는 모드. 개체의 점/선/면을 선택하고 삭제하거나 이동/회전/크기 변형 등이 가능.

※ 개체의 점/선/면을 선택하는 단축키는 숫자키1(점), 2(선), 3(면).

3.2 Blender 3D 기초 기능 및 용어 설명_ Toolbar

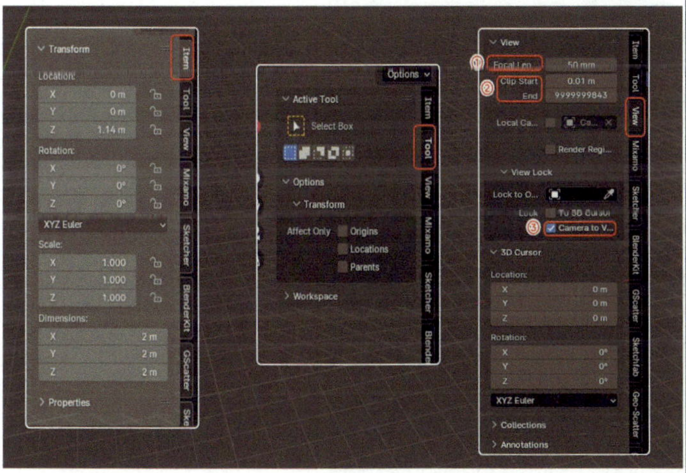

· Side Bar

- Item : 활성개체의 변환 설정을 표시.
- Tool : 활성도구 및 Workspace의 설정을 표시.
- View : View 패널 사용시 3D Viewport와 관련된 다른 설정을 변경 가능.

① Focal Length : 3D Viewport 카메라의 초점거리를 조절.
※해당 교재에서는 카메라 왜곡률을 낮추기 위해 값을 100으로 설정.

② Clip Start : 개체가 보이도록 최소 및 최대거리를 조정. 시작보다 가깝거나 종료보다 먼 개체는 표시되지 않음.
※ 클리핑 범위가 크면 가까운 물체와 먼 물체를 모두 볼 수 있지만 정밀도가 낮아져 Artifacts(화상의 결함, 특히 경계선이 톱니모양으로 됨)가 발생.

③ Camera to View : 카메라를 통해 개체를 볼 때, 카메라는 보기에 고정되어 있으며 시선의 이동에 따라 카메라 상이 함께 움직임. 카메라 프레임은 빨간색 점선으로 윤곽이 나타남.

3.3 Blender 3D 기초 따라하기_서랍 만들기

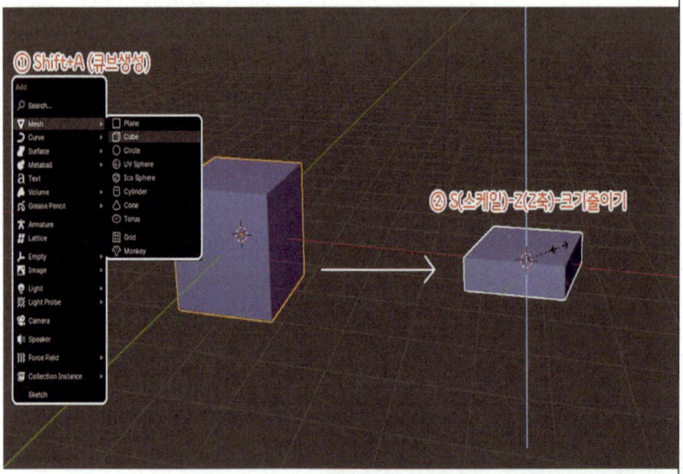

① Shift+A 를 눌러 'Mesh'의 'Cube'를 생성.

② 개체를 클릭한 후 단축키 S(스케일)를 누르고 Z키를 한번 더 누른 후 크기를 줄여줌.

※ 스케일 조정 단축키 S를 누르고 X,Y,Z 중 하나의 키를 누르면 나머지 축은 고정된 채로 해당 축만 크기 조절이 가능.

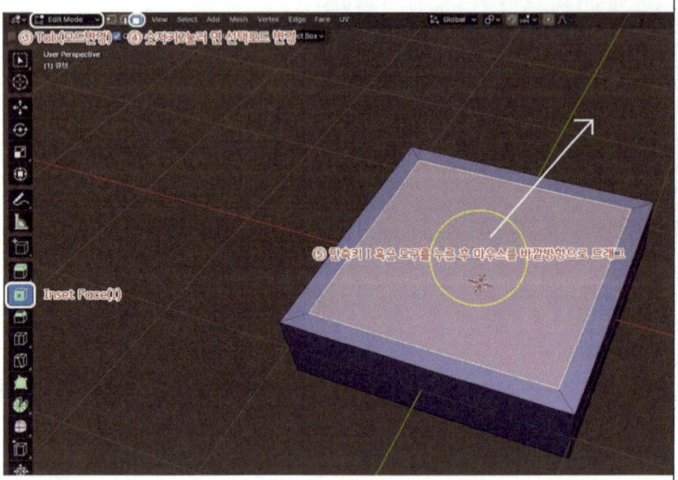

③ Tab키를 눌러 도구를 이용해 개체 수정이 가능한 Edit모드로 변경.

④ 숫자키 3을 눌러 면선택 모드로 변경.

⑤ 개체의 윗면을 선택 후 단축키 I(인셋페이스) 혹은 왼쪽 바의 InsetFace 아이콘 클릭. 그리고 마우스를 바깥방향으로 드래그하여 새로운 면 생성.

3.3 Blender 3D 기초 따라하기_서랍 만들기

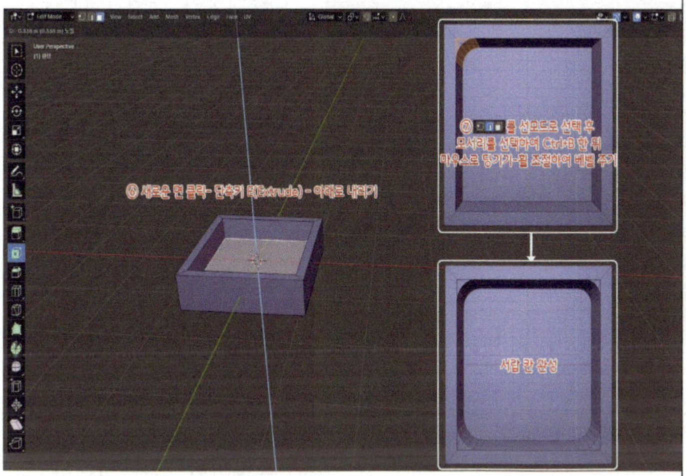

① 만들어진 면을 클릭 후 단축키 E(익스트루드)를 누르고 마우스를 아래로 내려 고정 시 클릭을 눌러줌.

② 왼쪽 상단의 점 · 선 · 면 모드에서 숫자키 2번에 해당하는 선모드를 클릭 후 단축키 Ctrl+B(베벨) 누르기. 그리고 마우스로 적당한 크기를 당겨준 후 휠을 조절하여 베벨값 주기.

※ 베벨값 설정 시 마우스 휠을 위로 올리면 모따기의 면이 많아지며, 반대로 마우스 휠을 아래로 내리면 모따기의 면 수가 줄어듦.

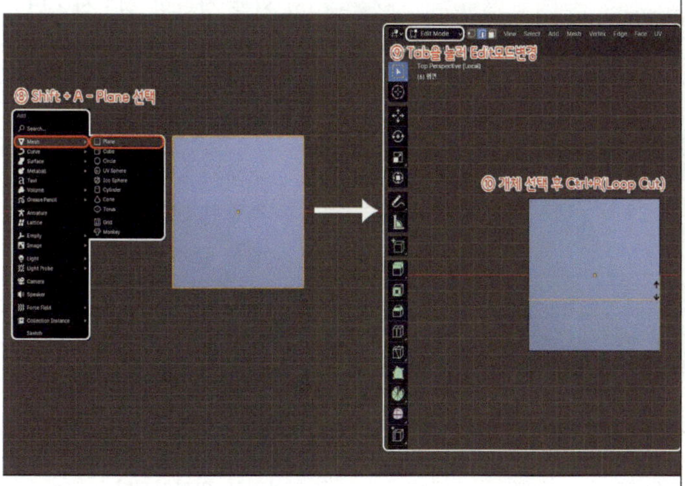

③ Shift+A 를 눌러 'Mesh'의 'Plane'을 생성.

④ Tab을 눌러 Edit모드로 변경.

⑤ 개체를 선택 후 단축키 Ctrl+R(루프컷) 누르기. 그리고 중심에 선이 오면 한 번 클릭 후 선을 마우스로 이동하여 적당한 크기에서 한 번 더 클릭.

3.3 Blender 3D 기초 따라하기_서랍 만들기

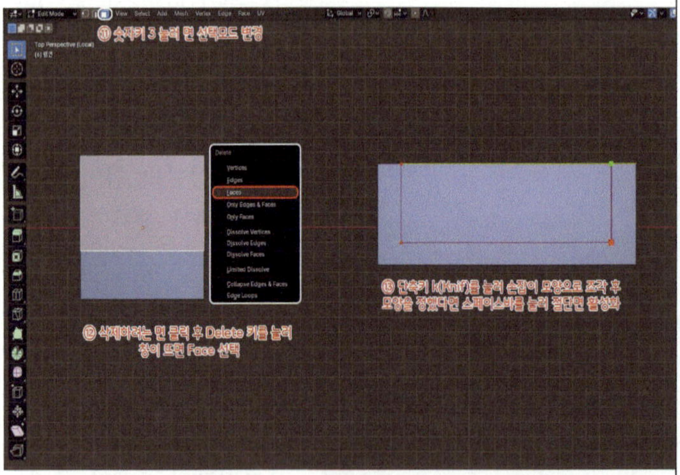

① 숫자키 3을 눌러 면선택 모드로 변경.

② 삭제하려는 면을 클릭한 후 Delete키를 누르고 활성창이 뜨면 Face를 클릭하여 면 삭제.

③ 단축키 K(나이프)를 눌러 손잡이 모양으로 조각 후 모양을 정했다면 스페이스바를 눌러 절단면을 활성화. 그 후 마찬가지로 필요없는 면은 클릭 후 Delete키를 눌러 Face 선택.

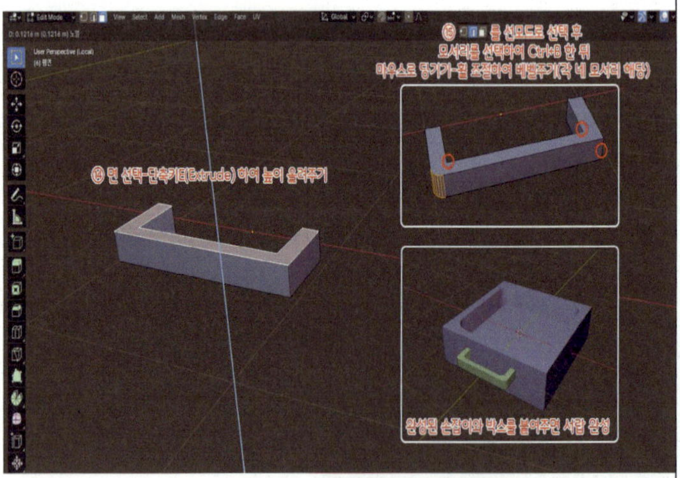

④ 손잡이의 면을 선택한 후 E(익스트루드)를 누르고 마우스를 위로 올려 손잡이의 높이를 높임.

⑤ 왼쪽 상단의 점 · 선 · 면 모드에서 숫자키 2번에 해당하는 선모드를 클릭 후 단축키 Ctrl+B(베벨)을 누르기. 그리고 마우스로 적당한 크기를 당겨준 후 휠을 조절하여 베벨값 주기.

※ 완성된 손잡이는 이동 단축키 G를 이용하여 X축과 Y축을 번갈아 이동하여 적당한 자리로 위치시킨다.

CHAPTER 04

기초 디지털트윈지도 제작

4.1 기본 3D 모델링_지형

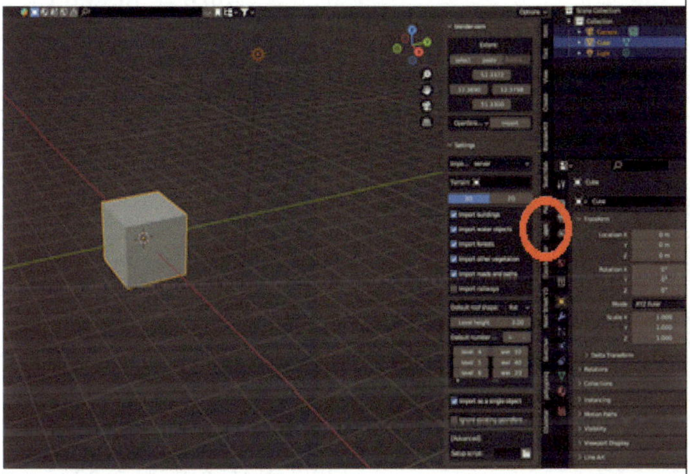

① 키보드 N을 눌러 우측 메뉴를 활성화한다.

② 메뉴 중 OSM 메뉴를 선택한다.

③ 선택한 메뉴 상단의 Select 버튼을 선택한다.(새로운 인터넷 창으로 이동)

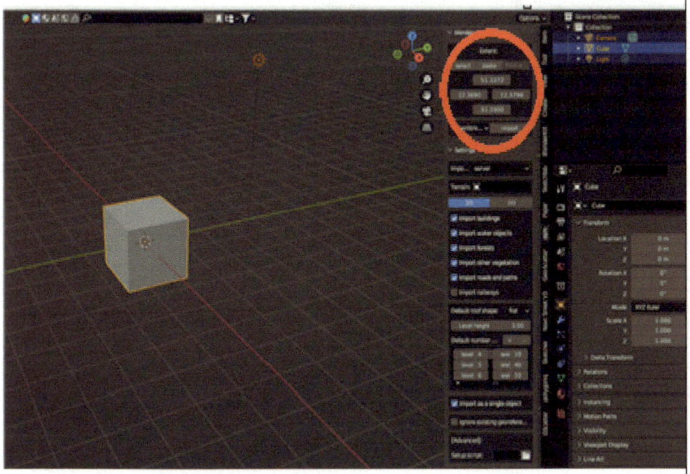

③ 선택한 메뉴 상단의 Select 버튼을 선택한다.
(새로운 인터넷 창으로 이동)

4.1 기본 3D 모델링_지형

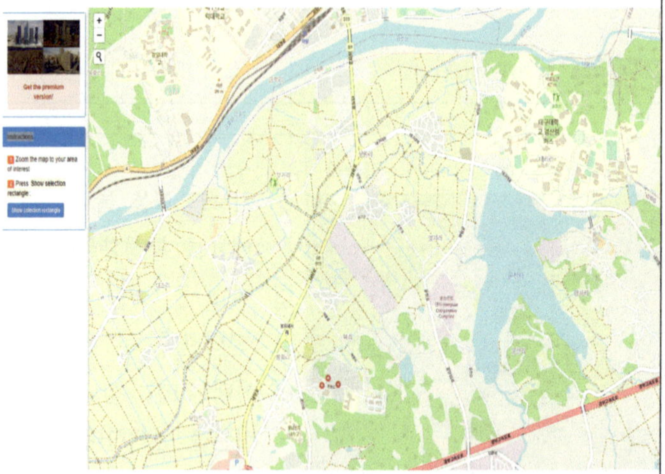

① 지도 이동 :
마우스 왼쪽 클릭
지도 확대/축소 :
마우스 휠
-> 지정하고 싶은 지역으로 이동한다.

② Instructions 옵션 밑 Show selection rectangle을 선택한다.

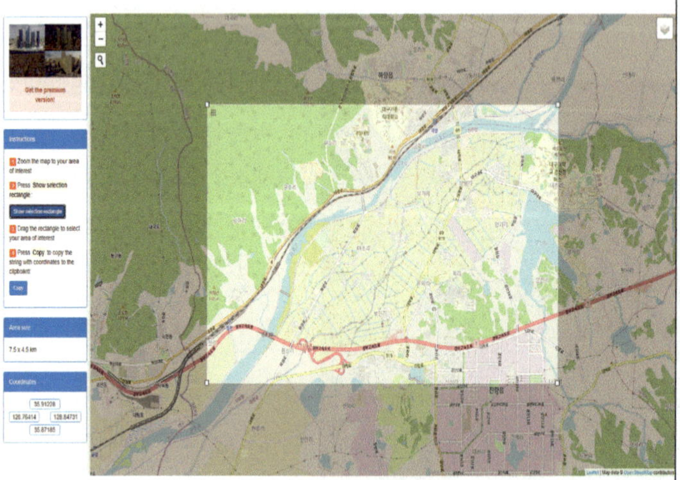

③ 화면 중앙에 생성된 사각형 확인한다.(사각형 외부는 검게 처리되는 것이 정상)

④ 사각형의 모서리를 조정해 원하는 범위를 지정한다.

⑤ Instructions 옵션 하단의 Copy를 선택한다.

* 이때 파란 박스 부분의 좌표 4개가 복사됨.

4.1 기본 3D 모델링_지형

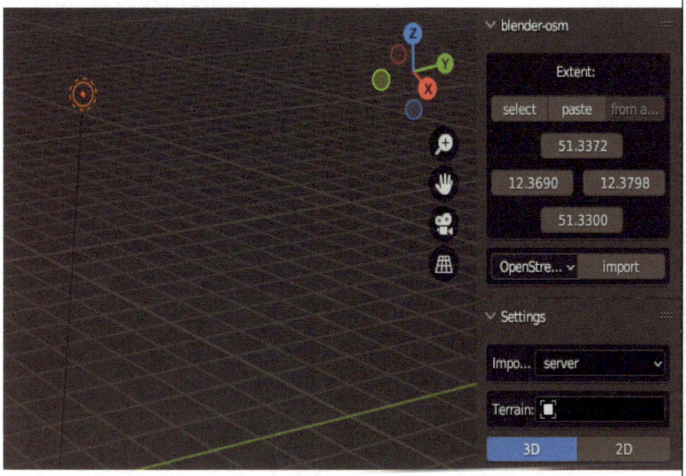

① Blender 3D 프로그램 화면으로 전환한다.

② OSM 메뉴 상단의 paste를 선택한다.

* 이때 복사한 좌표가 파란박스 속 4개 좌표에 복사된다.(인터넷 좌표와 같은지 확인)

③ Open StreetMap를 terrain으로 변경한다.

④ import를 클릭한다.

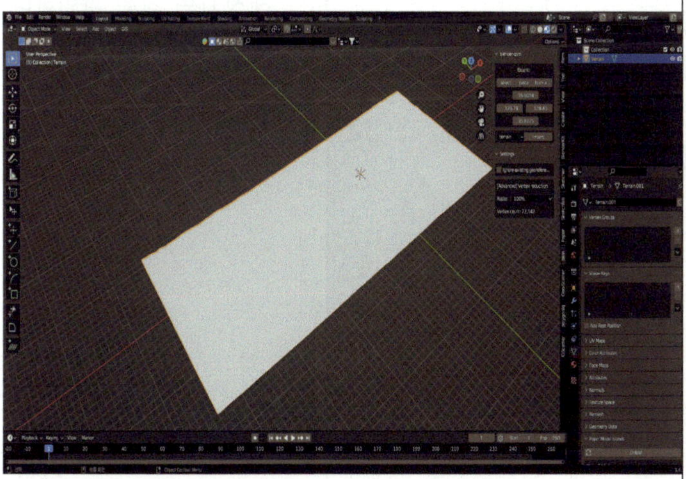

* 지형이 생성된 것을 확인

4.1 기본 3D 모델링_지형

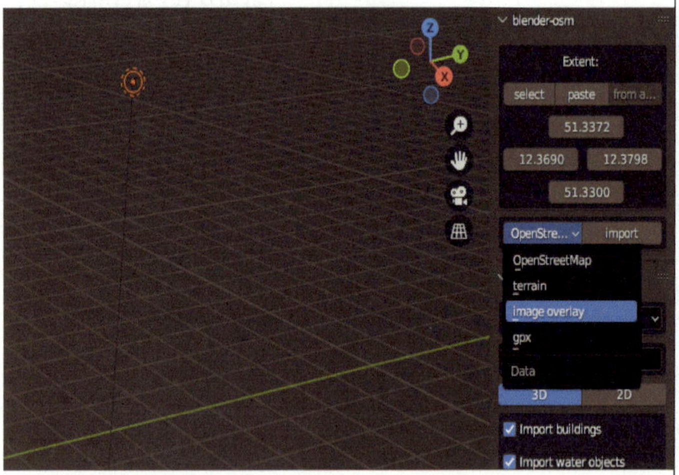

① image overlay를 선택한다.(생성된 지형에 이미지를 입힘)

② Setting 옵션을 방금 생성한 기초지형으로 지정한다.

③ import를 클릭한다.

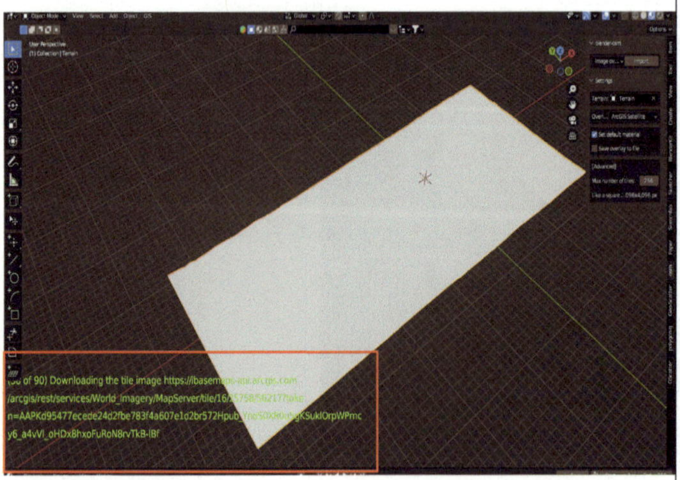

④ 왼쪽하단에 초록색 글이 생성되는 것을 확인한다.

4.1 기본 3D 모델링_지형

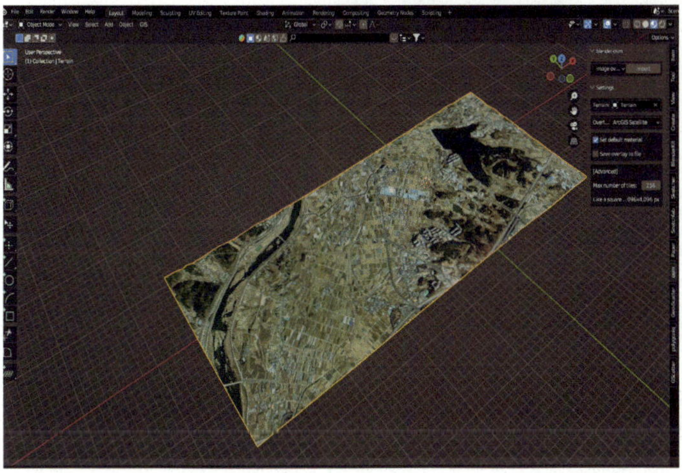

① 셰이더 모드로 전환한다.

② 항공사진이 로드된 것을 확인한다.

4.1 기본 3D 모델링_Sculpting 기능

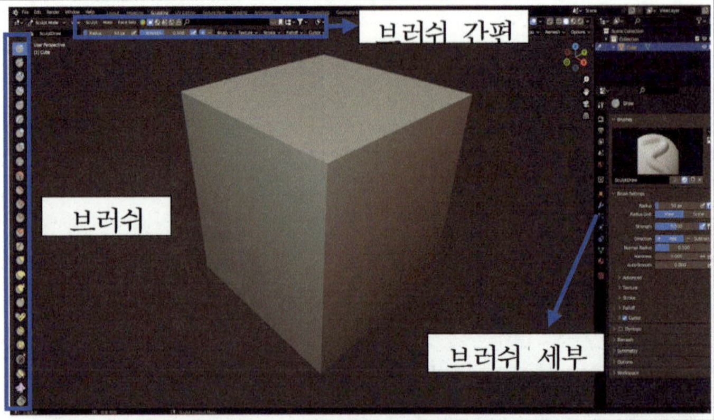		- Blender 프로그램의 기본 메뉴이며 도형을 성형하거나 변형시키기위해 사용하는 도구
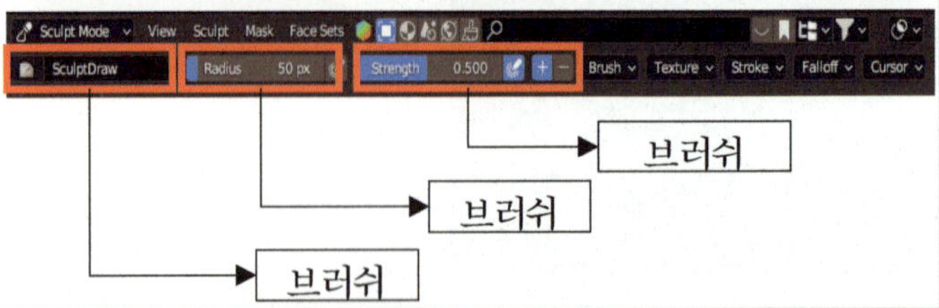		Blender 3D 화면의 상단부분에서 Sculpting을 선택한다.
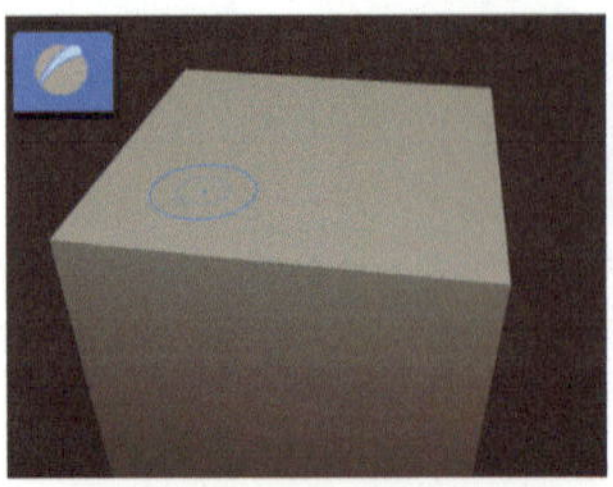	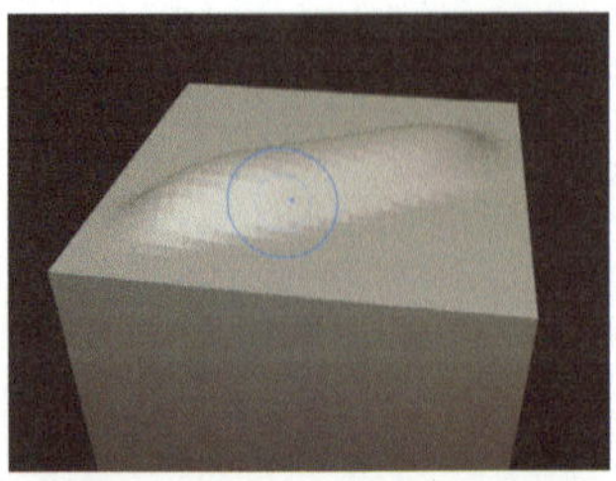	Draw : 선택한 크기만큼 면을 + 또는 - 방향으로 올리거나 내림 사용 : 마우스 왼쪽 클릭 +/- 전환 : Shift 브러쉬 크기조절 : [,]
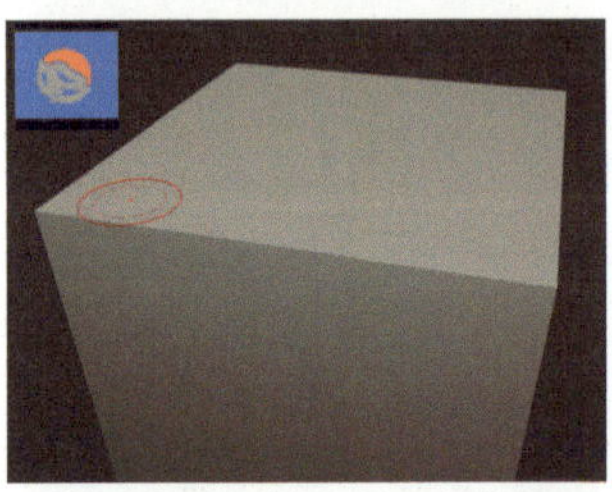	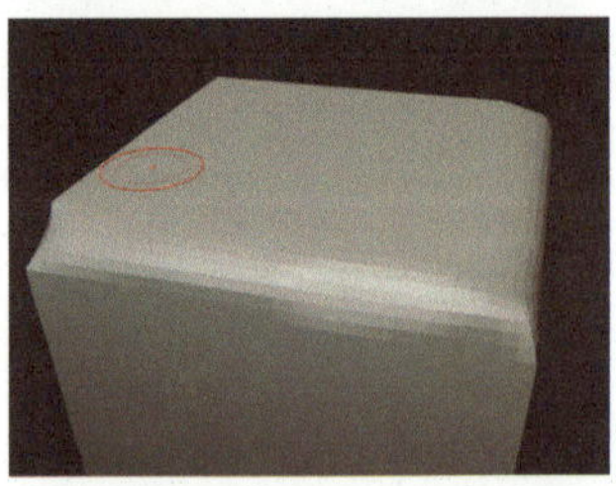	Smooth : 선택한 범위의 크기만큼 각진 곳을 부드럽게 조정 사용 : 마우스 왼쪽 클릭 +/- 전환 : Shift 브러쉬 크기조절 : [,]
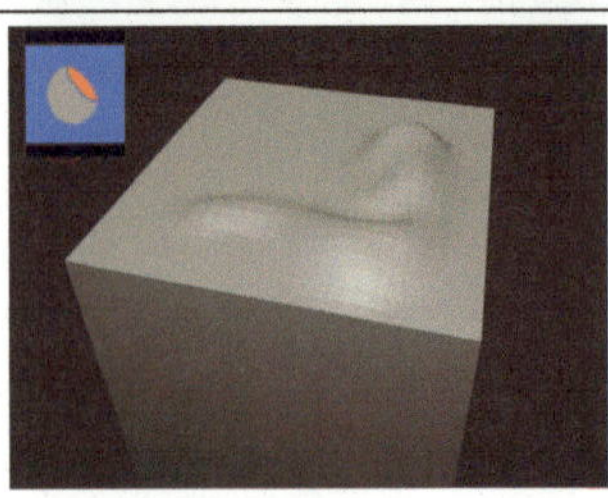	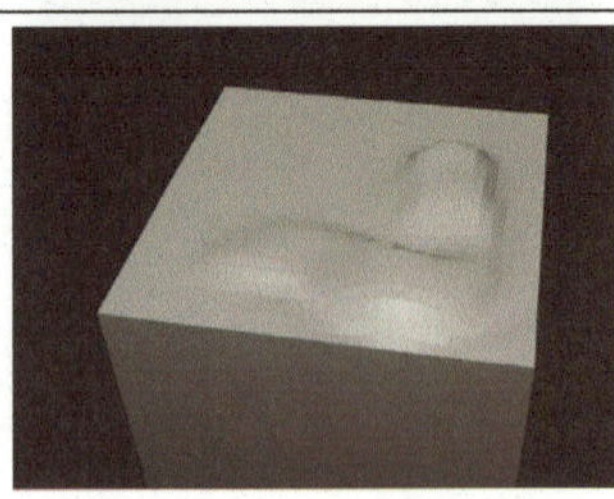	Flatten : 선택한 범위의 크기만큼 평평하게 조정 사용 : 마우스 왼쪽 클릭 +/- 전환 : Shift 브러쉬 크기조절 : [,]

4.1 기본 3D 모델링_저수지

① Top View로 화면을 전환한다.

② image overlay 값을 OpenStreetMap로 변경한다.

③ 2D 선택 및 체크 박스를 모두 비활성화 한다.

④ Import water objects를 활성화 한다.

⑤ import를 클릭한다.

4.1 기본 3D 모델링_저수지

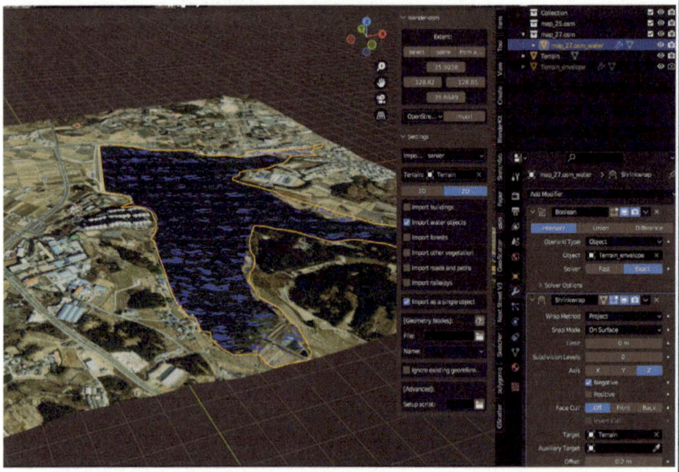

① map_27.osm_water를 선택한다.
② 모디파이어 메뉴로 이동한다.
③ Shrinkwrap 옆 X를 클릭한다.
④ Boolean 옆 X를 클릭한다.
⑤ 수면 제작을 위해 map_27.osm_water를 복사한다(Shift D).

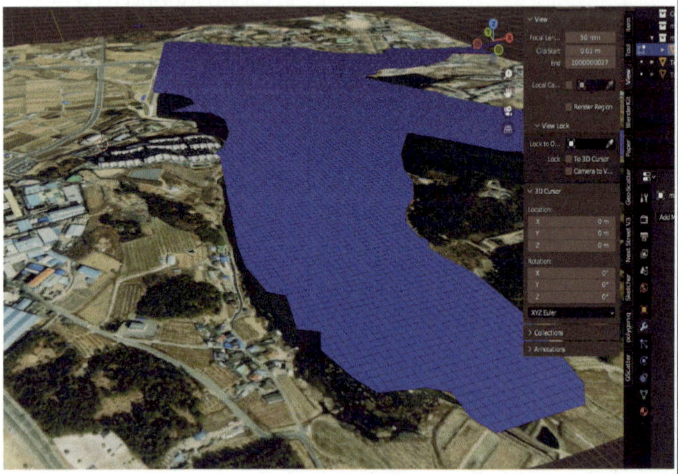

⑥ Edit 모드로 전환한다.

4.1 기본 3D 모델링_저수지

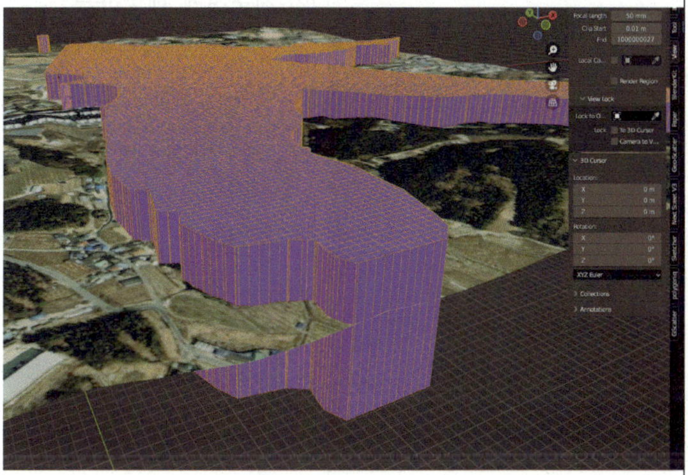

① 저수지 부분을 선택한다.

② E를 활용해 Terrain을 통과하도록 늘린다.

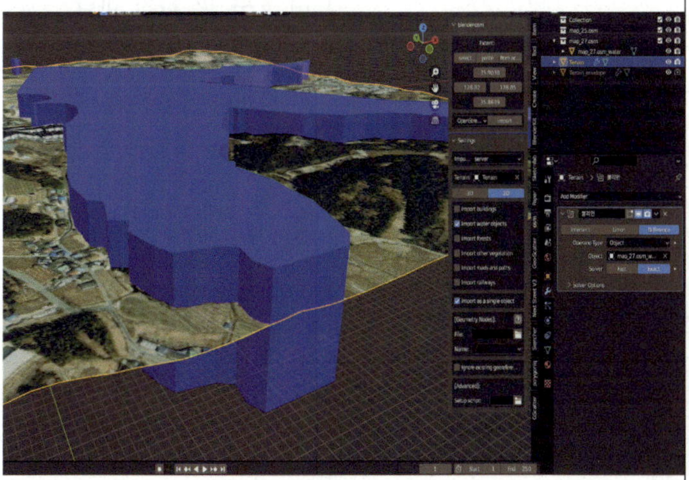

③ Lay out 모드로 전환한다.

④ Terrain 선택 후 모디파이어로 이동한다.

⑤ Boolean를 선택한다.

⑥ Object의 스포이드를 이용해 저수지를 선택한다.

⑦ 화살표 클릭 및 Apply를 선택한다.

4.1 기본 3D 모델링_저수지

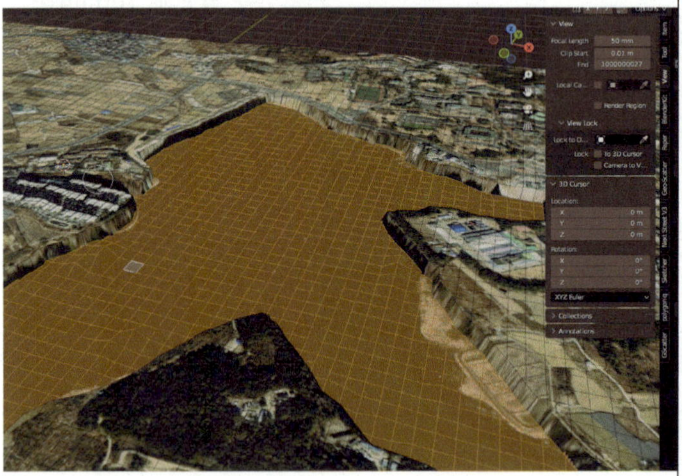

① Edit 모드로 전환한다.
② 저수지에 해당하는 면을 모두 선택한다.
③ 마우스 오른쪽 클릭을 통해 Inset Face를 실행하고 안쪽으로 살짝 당겨준다.
④ G, Z를 활용해 내려준 다음 S(scale)을 활용하여 조금 축소시킨다.

⑤ Sculpting 모드로 전환한다.
⑥ 호수 및 하천 바닥, 경사면을 정리한다. (Draw, Smooth 활용)

4.1 기본 3D 모델링_저수지

① Layout 뷰로 전환한다.

② 복사했던 수면(p.58)을 선택한다.

③ G를 활용해 수면을 조절한다.

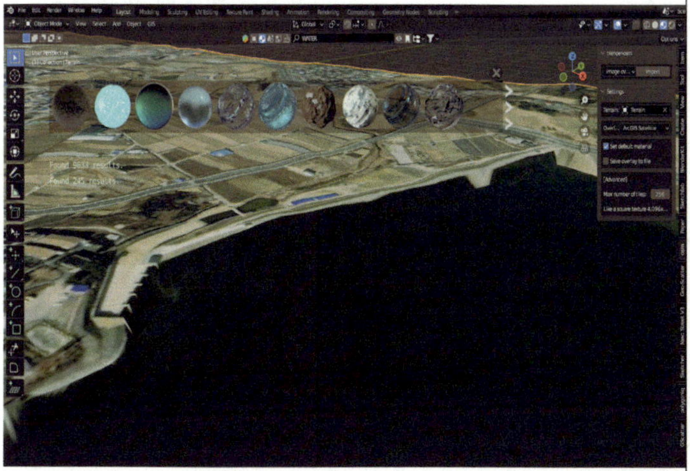

④ 메뉴 중 BlenderKit을 선택한다. (Layout 모드)

⑤ Search를 클릭한다.

⑥ Materials을 선택한다.

⑦ 돋보기에서 Water를 검색한다.

⑧ 화면 중앙에 나오는 메트리얼 중 어울리는 메트리얼 선택 및 드래그 후 적용한다.

4.1 기본 3D 모델링_하천

① Top View로 화면을 전환한다.

② Edit 모드로 전환한다.

③ K를 활용해 하천길을 따라 클릭한다.

4.1 기본 3D 모델링_하천

① 하천에 해당하는 면을 모두 선택한다.

② 마우스 오른쪽 클릭 후 Inset Face를 선택한다.

③ 적당히 안으로 드래그 후 클릭한다.

④ G, Z를 활용해 살짝 내려준다.
(하천의 깊이만큼)

⑤ 선택한 면을 복사/분리해 수면을 분리한다.

⑥ G, Z를 활용해 수면의 높이를 조절한다.

4.1 기본 3D 모델링_하천

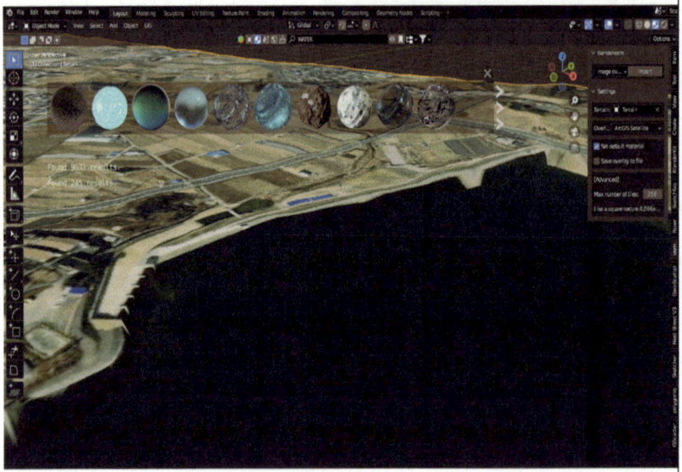

① 메뉴 중 BlenderKit을 선택한다. (Layout 모드)

② Search를 선택한다.

③ Materials을 선택한다.

④ 돋보기에서 Water를 검색한다.

⑤ 화면 중앙에 나오는 메트리얼 중 어울리는 메트리얼 선택 및 드래그 후 적용한다.

4.1 기본 3D 모델링_농경지

① Knife(단축키 K)를 이용해 논의 가장자리를 따라 분리한다.

* 농로를 기준으로 구역별로 정리한다.

② 논 내부 면을 모두 선택한다.

4.1 기본 3D 모델링_농경지

① 마우스 오른쪽 클릭 메뉴 중 Inset Faces를 선택 및 적용한다.

② Separate, Selection을 적용해서 면을 분리한다.

② 논 내부 면을 모두 선택한다.

4.1 기본 3D 모델링_농경지

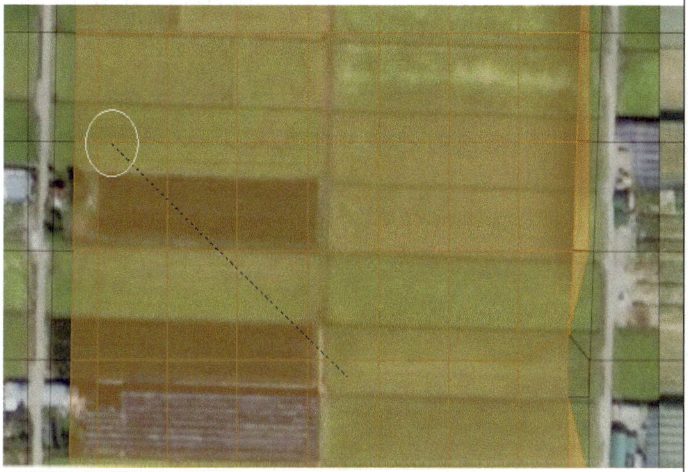

① 마우스 오른쪽 클릭 메뉴 중 Inset Faces를 선택 및 적용한다.

② Separate, Selection을 적용해서 면을 분리한다.

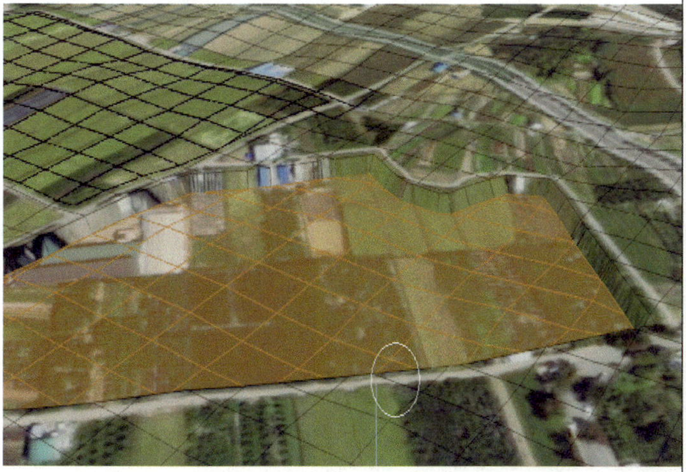

③ G와 Z를 눌러 아래로 1.5m 정도 내린다. (논의 가장자리 경사면 제작)

4.1 기본 3D 모델링_농경지

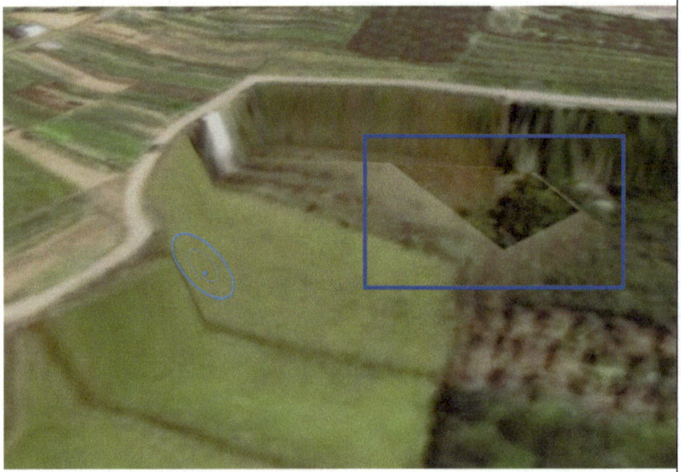

① Suclpting 모드로 전환한다.
② 경사면의 각진 부분이나 박스와 같은 부분을 자연스럽게 정리한다.

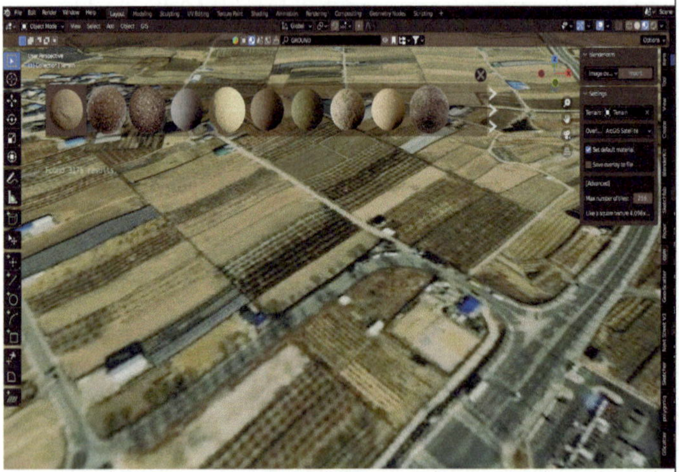

③ 메뉴 중 BlenderKit을 선택한다.
④ Search을 선택한다.
⑤ Materials을 선택한다.
⑥ 돋보기에서 ground를 검색한다.
⑦ 화면 중앙에 나오는 메트리얼 중 어울리는 메트리얼 선택 및 드래그 후
적용한다.

4.1 기본 3D 모델링_주요 도로

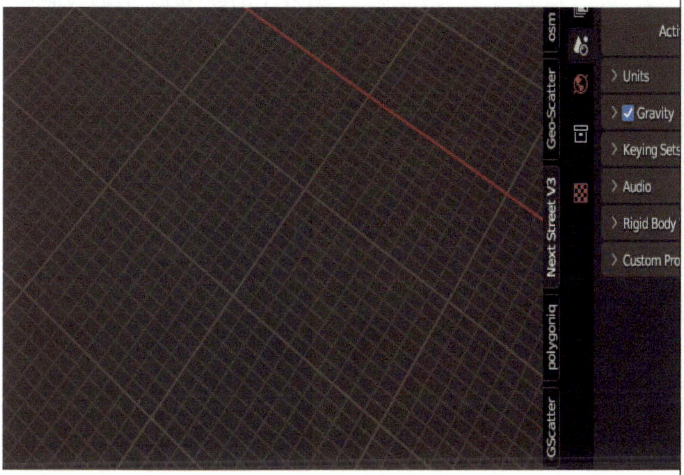

① N을 눌러 메뉴를 활성화한다.

② NextStreetV3를 선택한다.

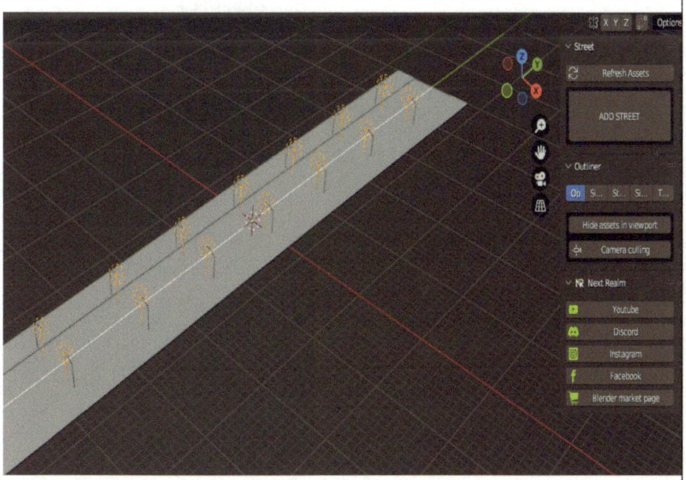

③ ADD STREET를 클릭한다.

④ 기본도로가 로드된 것을 확인한다.

4.1 기본 3D 모델링_주요 도로

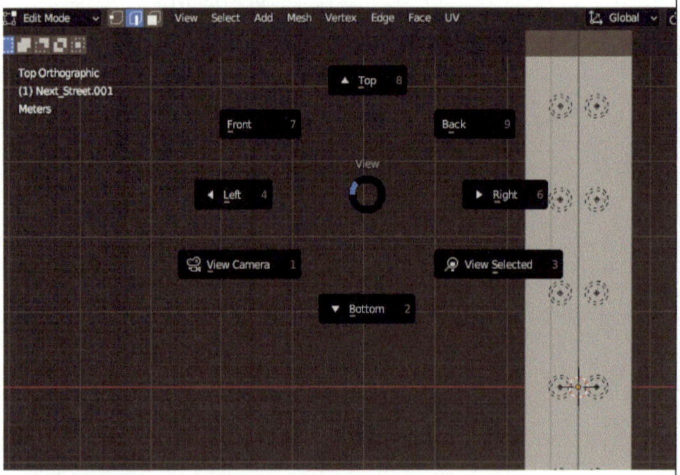

① Edit 모드로 전환한다.

② Tab를 눌러 Top View로 전환한다.

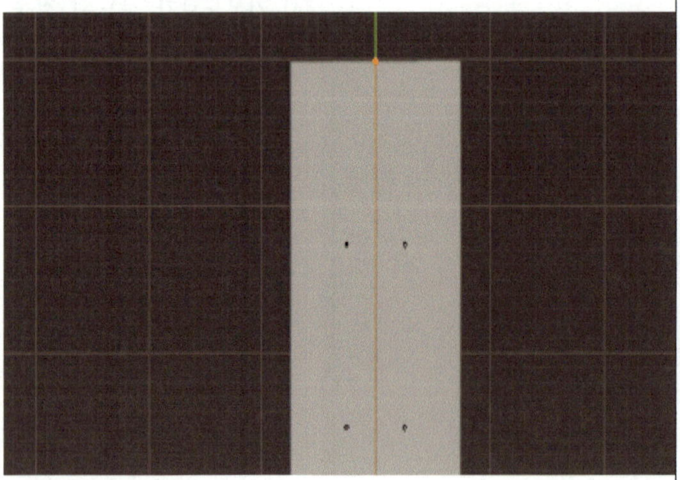

③ "1"을 눌러 점 모드로 전환한다.

4.1 기본 3D 모델링_주요 도로

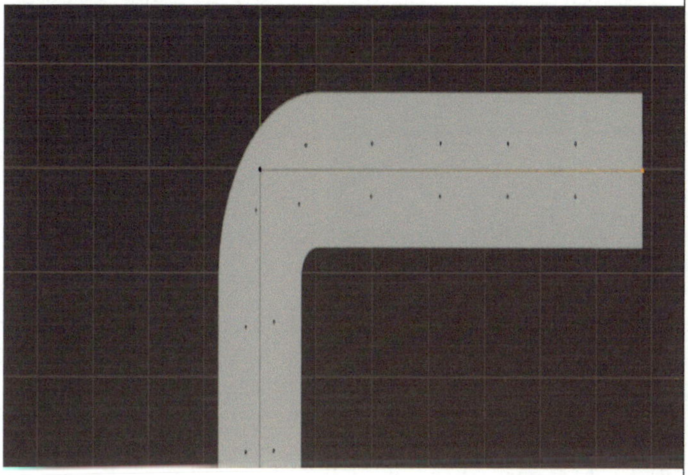

① 끝 점을 선택 후 E를 눌러 도로를 연장한다.

② 주 도로를 따라 도로를 완성한다.

4.1 기본 3D 모델링_주요 도로

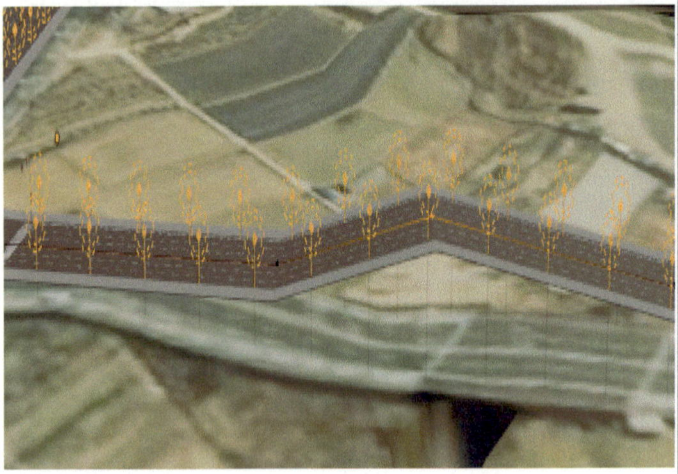

① 지면과 일치하도록 도로의 높이를 조정한다. (Edit 모드에서 점모드 G, Z활용)

4.1 기본 3D 모델링_기타 도로

① Shift + A, Mash의 Plane을 선택한다.

② 생성된 Plane을 G를 이용해 농로 쪽으로 이동한다.

③ S를 이용해 농로 폭에 맞춰 Plane을 조정한다.

4.1 기본 3D 모델링_기타 도로

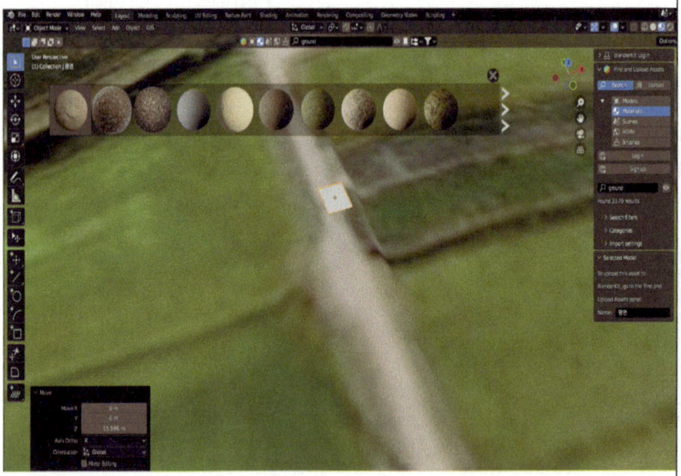

① BlenderKit Materials 메뉴에서 ground을 검색 후 농로와 맞는 매터리얼을 선택한다. (흙 또는 콘드리트)

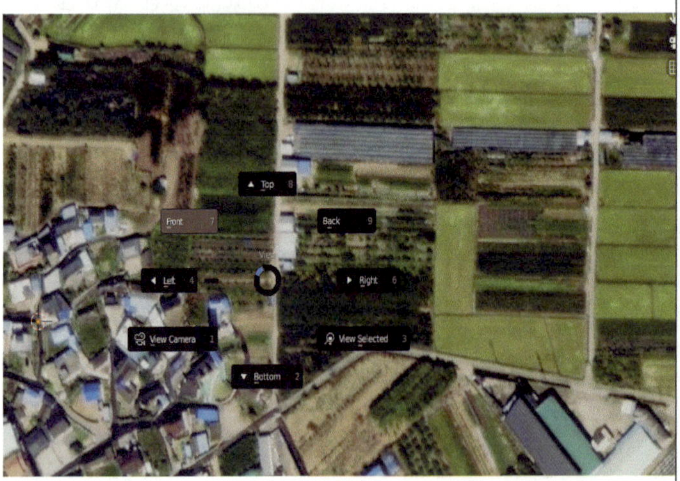

② Top View로 전환한다.

4.1 기본 3D 모델링_기타 도로

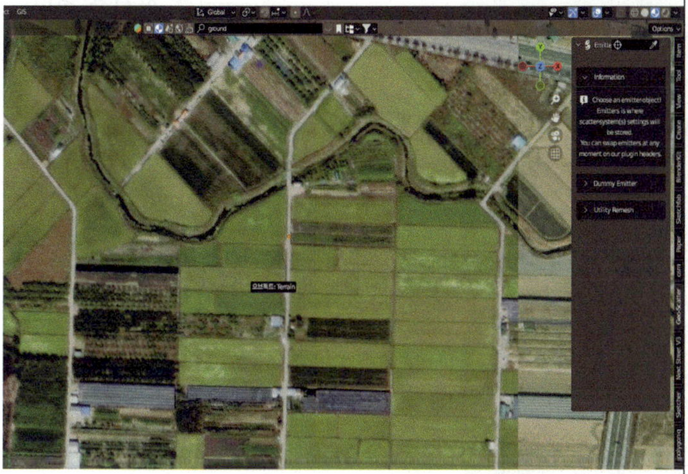

① GeoScatter 메뉴에서 Terrain을 베이스로 지정한다.

② Plane을 선택한다.

③ Manual Scatter 모드로 진입한다.

④ Chain을 이용해 농로를 따라 농로 모듈을 배치한다.

4.1 기본 3D 모델링_기타 도로

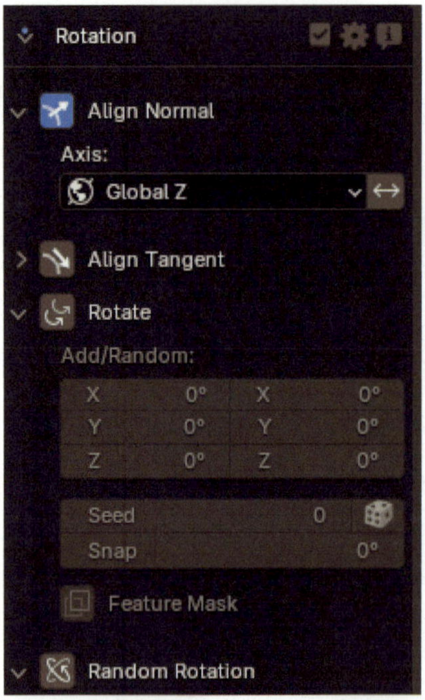

① Rotation 메뉴의 Align Nomal를 활성화 한다.

② Surface Nomal을 Global Z로 변환한다.

③ Ramdom Rotation 비활성화 한다.

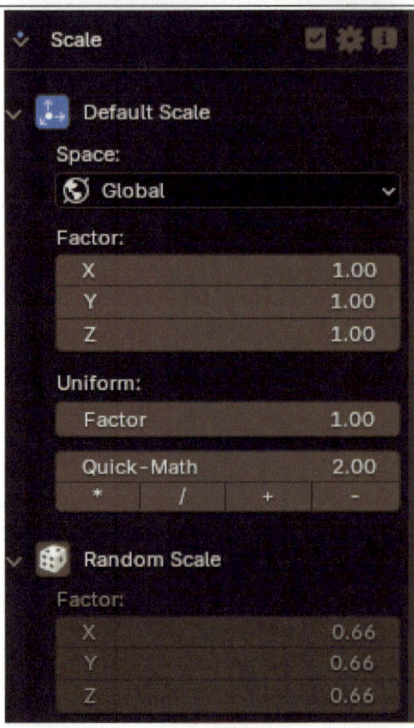

④ Scale 메뉴의 Default Scale을 활성화 한다.

⑤ Local을 Global로 변환한다.

⑥ Ramdom Scale을 비활성화 한다.

4.1 기본 3D 모델링_기타 도로

① 농로를 따라 완성한다.

4.2 세부 요소 모델링_Geo-Scatter 기능

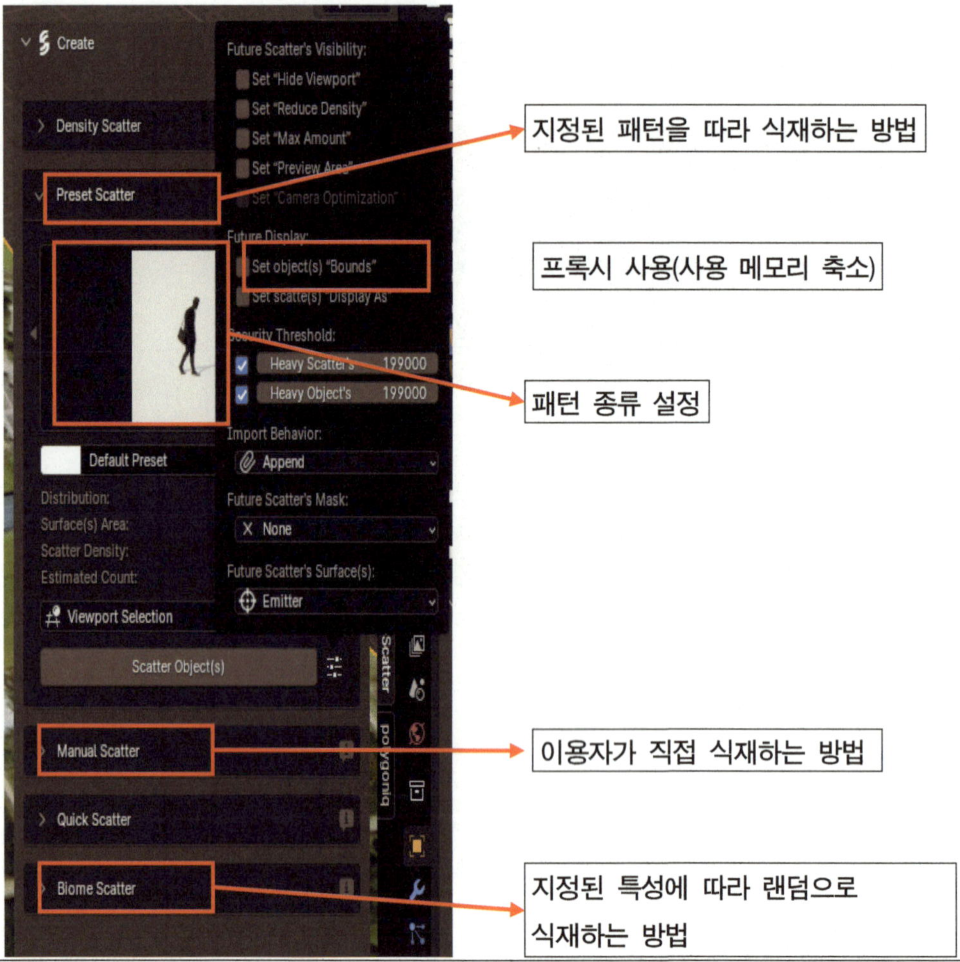

*Geo-Scatter 기능

Preset Scatter(자동으로 패턴에 맞춰 식재)

Manual Scatter(수동으로 식재)

*Geo-Scatter를 사용할 때 설정창에서 "Bounds" 체크

4.2 세부 요소 모델링_현황식재(산림)

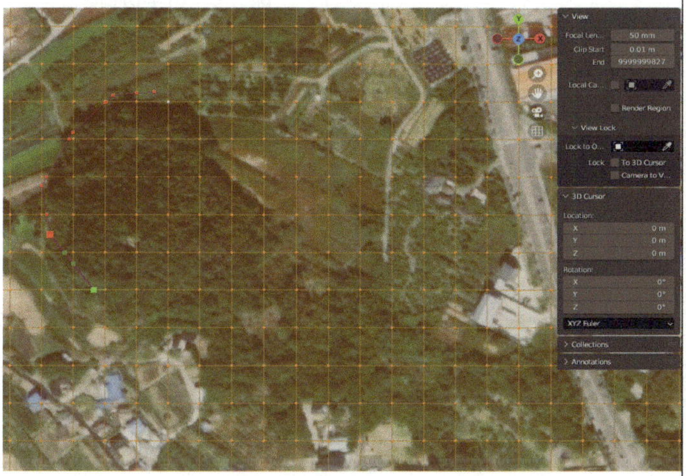

① Terrain에서 산림부분에 해당하는 면을 잘라주고 분리한다.
(Knife, Separate 활용)

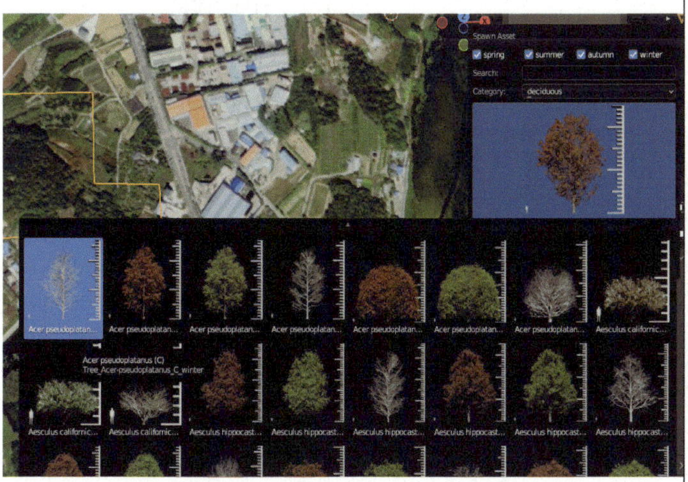

② "N"을 눌러 botaniq 메뉴로 이동한다.

③ 산림에 맞는 수종 선정한다.(다양하게 선정)

4.2 세부 요소 모델링_현황식재(산림)

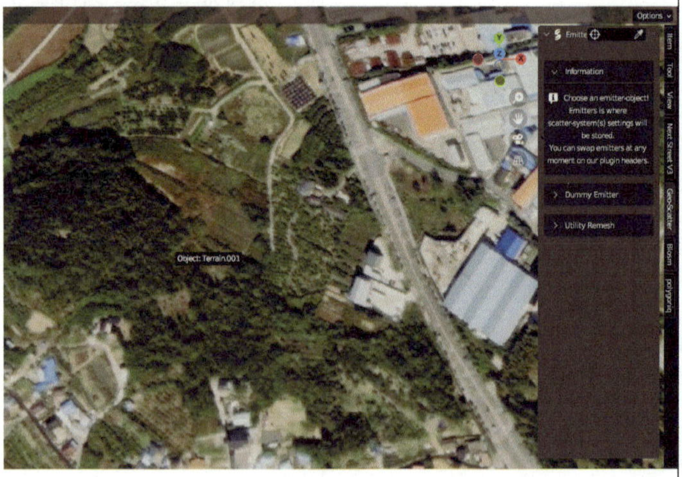

① "N"을 눌러 GeoScatter 메뉴로 이동한다.

② 스포이드를 이용해 분리한 산림구역 면을 지정한다.

③ 선정한 수목을 모두 선택한다.

④ GeoScatter의 Manual Scatter을 실행한다.

4.2 세부 요소 모델링_현황식재(산림)

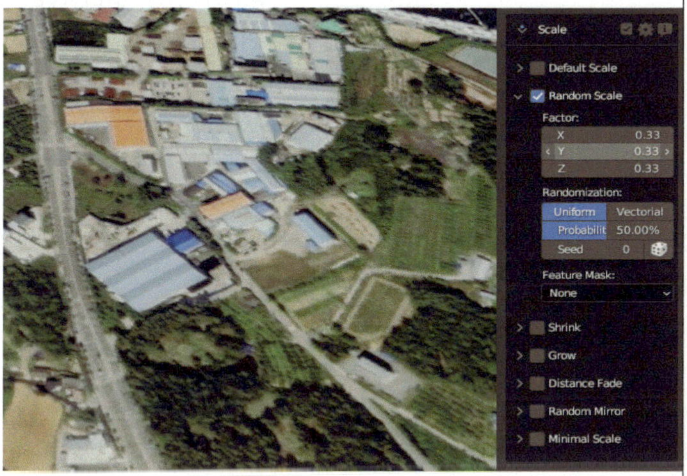

① ESC 눌러 Manual Scatter 모드를 종료한다.

② GeoScatter의 Scale 메뉴로 이동한다.

③ Defult Scale을 활성화 한다.

④ Local 값을 Global로 변경한다.

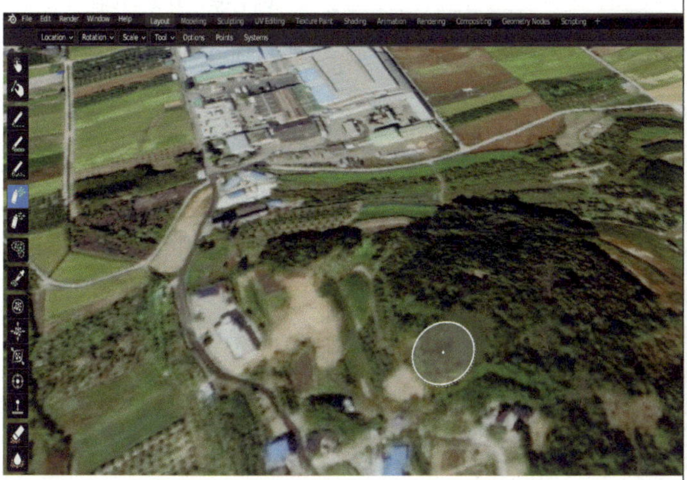

⑤ 다시 Manual Scatter을 실행한다.

⑥ 스프레이를 활용해 산림을 조성한다.

브러쉬 크기 조절 : F

브러쉬 밀도 조절 : Ctrl+F

4.2 세부 요소 모델링_현황식재(농경지)

① Terrain에서 논에 해당하는 부분의 면을 분리한다. (Knife, Separate 활용)

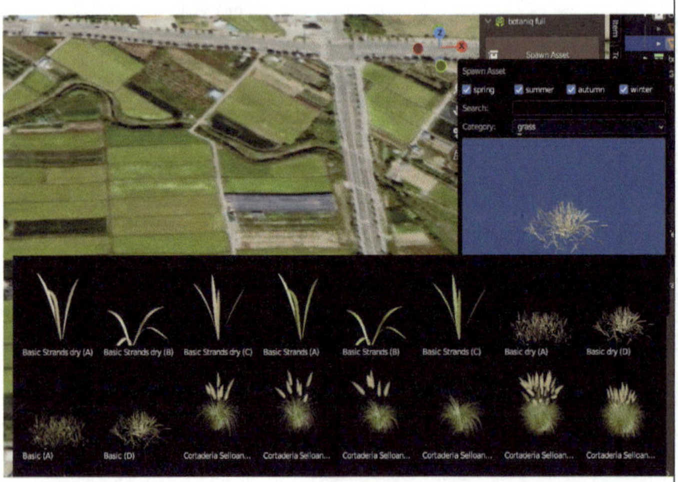

② "N"을 눌러 botaniq 메뉴로 이동한다.

③ 카테고리를 Grass로 설정한다.

④ Basic Strands dry(A)(가을) 또는 Basic Strands(A)(여름)을 선택한다.

4.2 세부 요소 모델링_현황식재(농경지)

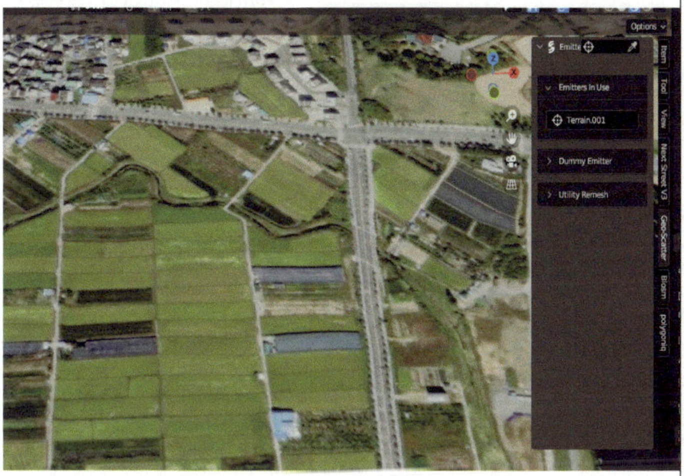

① "N"을 눌러 GeoScatter 메뉴로 이동한다.
② 스포이드를 이용해 분리한 논 구역 면을 지정한다.

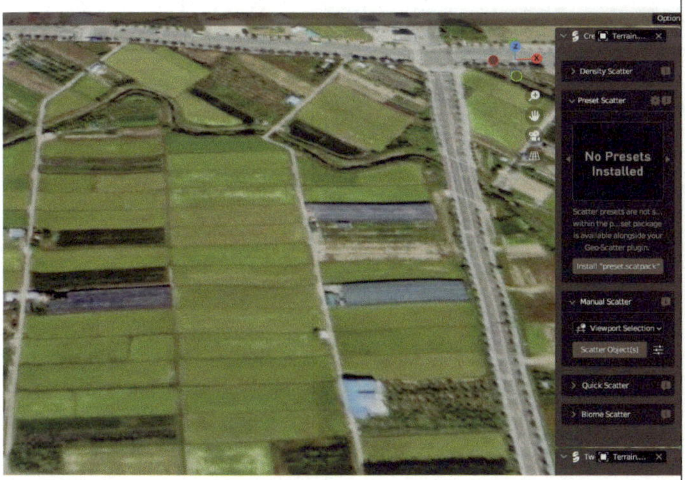

③ 선정한 수종을 선택한다.
④ GeoScatter의 Preset Scatter의 No Presets Installed를 클릭한다
⑤ 4번째 줄 오른쪽에서 2번째 26 Flow를 선택한다.
⑥ Scatter Object(s)를 클릭한다.

4.2 세부 요소 모델링_현황식재(농경지)

① 선정한 수종을 선택 후 Manual Scatter를 실행한다. (부족하거나 어색한 부분 수정)

② ESC 눌러 Manual Scatter 모드를 종료한다.

③ GeoScatter의 Scale 메뉴로 이동한다.

④ Defult Scale을 활성화 한다.

⑤ Local 값을 Global로 변경한다.

⑥ X, Y, Z 값을 각각 10, 10, 40으로 설정한다.

⑦ Random Scale를 비활성화한다.

⑧ 다시 Manual Scatter를 실행한다.

⑨ 스프레이를 활용해 논을 조성한다.

4.2 세부 요소 모델링_현황식재(가로수)

① "N"을 눌러 오른쪽 메뉴를 활성화 한다.

② Botaniq full의 Spawn Asset을 클릭한다.

③ 도로 주변과 어울리는 수종을 선택한다. (느티, 왕벚 등)

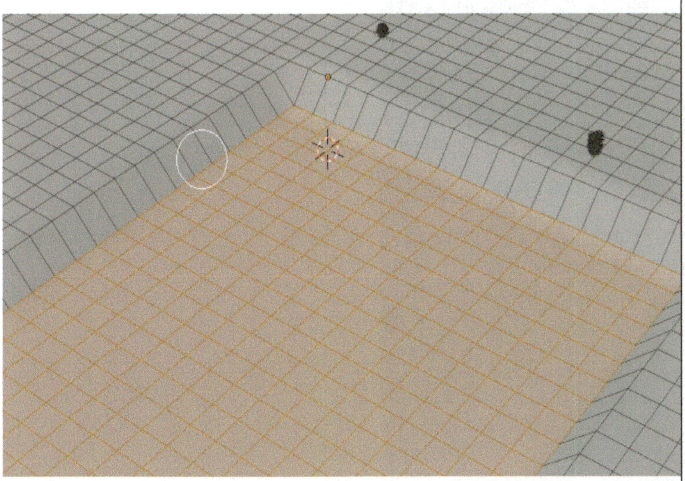

④ 식재를 하고자 하는 면을 분리 및 선택한다.(도로변)

4.2 세부 요소 모델링_현황식재(가로수)

① Geo-Scatter 기능의 Manual Scatter (Chain 또는 Dot 활용)를 사용해 식재한다.

② 도로를 따라 일정한 간격으로 식재한다.

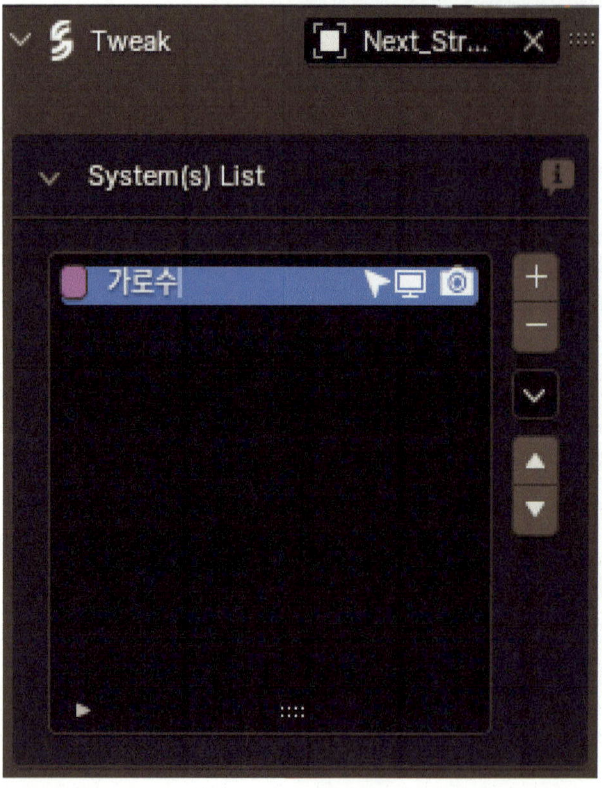

③ SysTem(s) List에서 가로수를 선택한다.

4.2 세부 요소 모델링_현황식재(가로수)

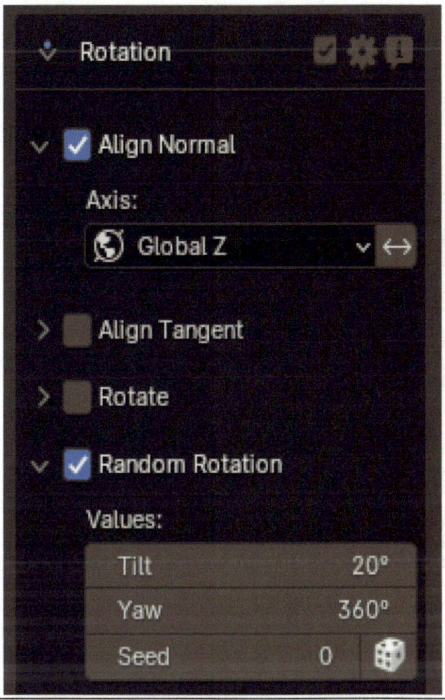

① Rotation 메뉴로 이동한다.

② Ailgn Nomal를 활성화 한다.

③ Axis 값을 Global Z로 설정한다.

-> 가로수는 하늘을 향해 자라기 때문에 중력 방향으로 설정

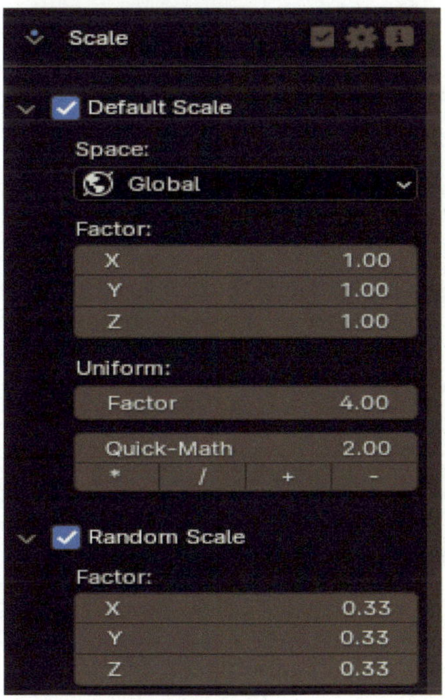

④ Scale 메뉴로 이동한다.

⑤ Default Scale을 활성화 한다.

⑥ Space값을 Global로 설정한다.

⑦ Random Scale을 조정해 자연스럽게 연출한다.

4.2 세부 요소 모델링_건물(주거)

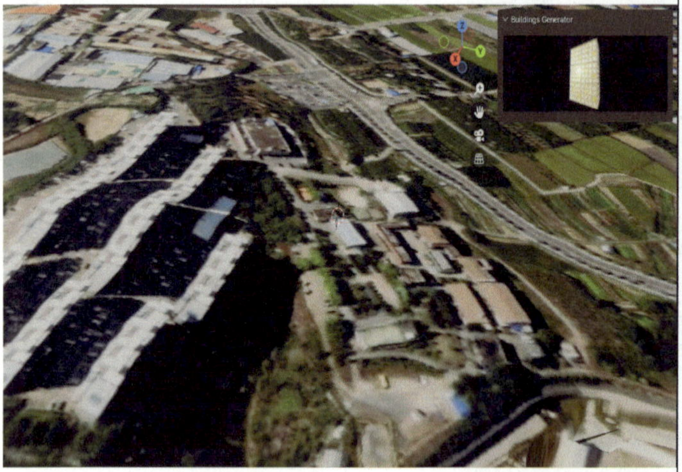

① "N"을 눌러 오른쪽 메뉴를 활성화 한다.
② BG 메뉴를 선택한다.

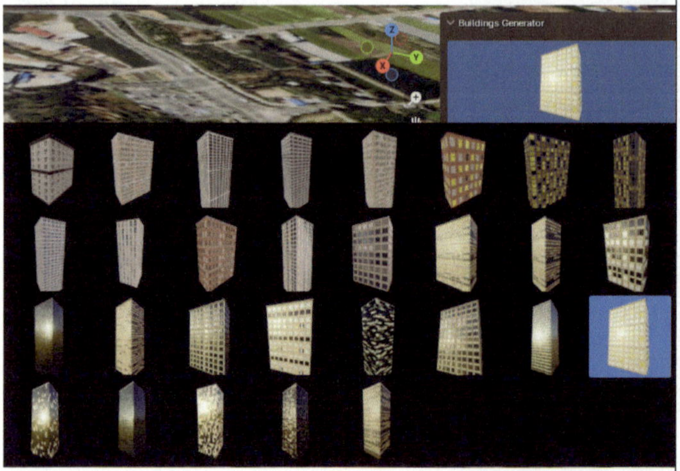

③ 그림을 클릭 후 아파트 및 주택과 비슷한 건물을 선택한다(3번째 줄 7번).

4.2 세부 요소 모델링_건물(주거)

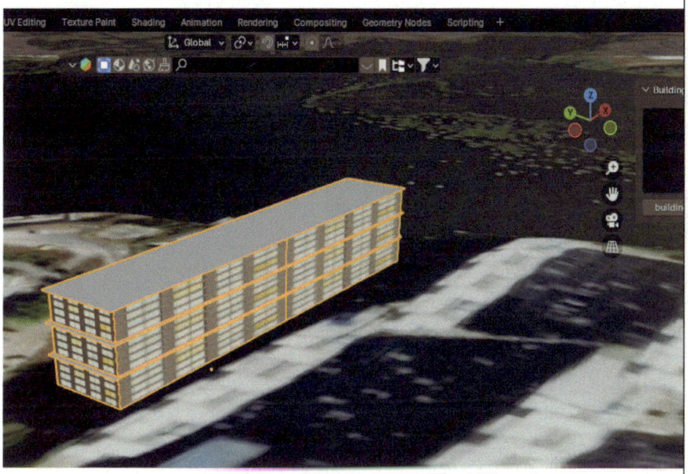

① R(회전)과 S(스케일)을 활용해 아파트 및 주택 크기로 조정한다.

② Building Generator의 building floor를 조정하여 건물 층수를 조절한다.

4.2 세부 요소 모델링_건물(주거)

① Shift D를 활용하여 복사한다.

② G,Z를 활용해 건물을 지형에 맞게 조정한다.

③ 완성된 주거지역을 확인한다.

4.2 세부 요소 모델링_건물(창고 및 기타)

① "N"을 눌러 오른쪽 메뉴를 활성화 한다.

② Sketchfab 메뉴를 선택한다.

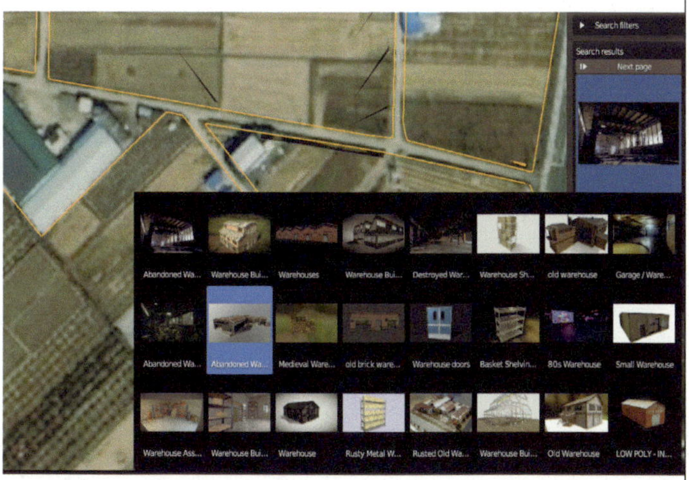

③ warehouse 검색 후 적절한 모델을 선택한다.

④ Import를 클릭한다.

4.2 세부 요소 모델링_건물(창고 및 기타)

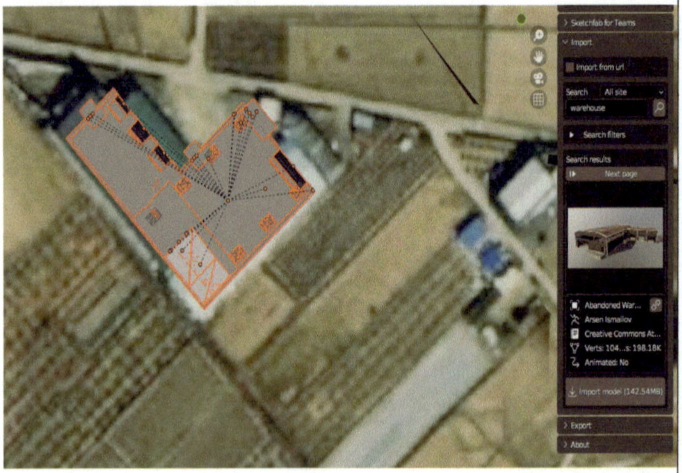

① 스케일을 이용해 창고 크기에 맞게 조정한다.

심화 디지털트윈지도 제작
- 보전적 측면에서의 경관계획모형 적용 -

CHAPTER 05

5.1 Blender 3D CAD sketcher 기능

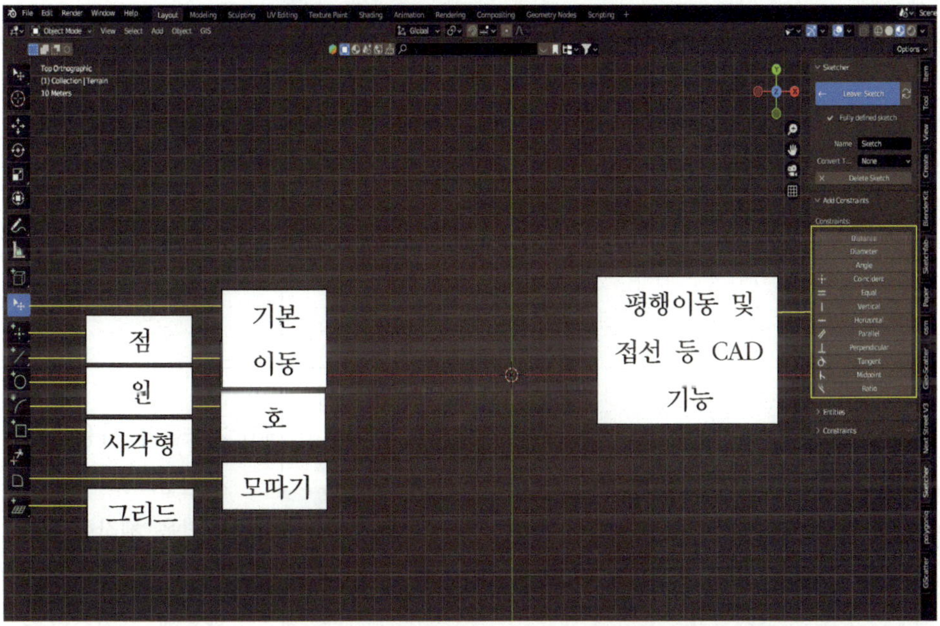

5.2 소규모 수공간 비오톱 설치

① N을 눌러 오른쪽 메뉴를 활성화 한다.
② Sketcher를 선택한다.
③ Add Sketch를 클릭한다.
④ Cad를 그릴 평면을 선택한다.(Ⓐ : XY평면, Ⓑ : YZ평면, Ⓒ : XZ평면)

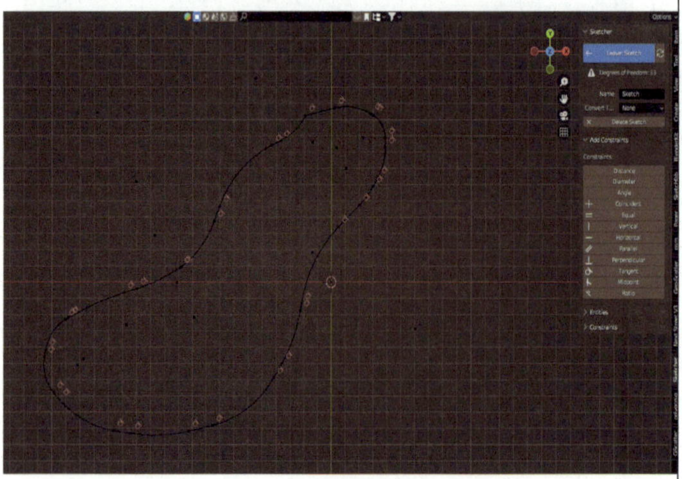

⑤ 기능들을 사용해 자연형으로 작은 연못의 평면을 제작한다.
⑥ 각진 부분들을 모따기를 활용해 자연스러운 곡선으로 처리한다.

5.2 소규모 수공간 비오톱 설치

① Convert 메뉴의 화살표를 클릭한다.
② Mesh로 변경한다.
③ Leave:Sketch을 클릭한다.

④ Top View로 변경한다.
⑤ Scale 및 위치를 조정한다.
⑥ 면을 복사한다.
(수면으로 활용)

5.2 소규모 수공간 비오톱 설치

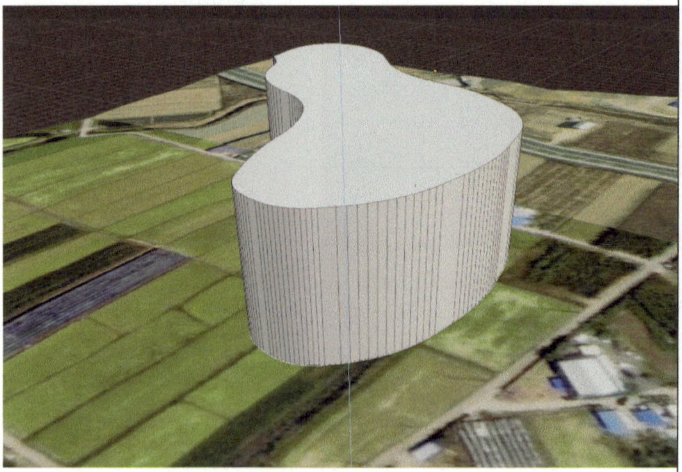

① Tab을 눌러 Edit 모드로 변경한다.

② “E”를 눌러 Z축 밑으로 내린다.
(Terrain을 통과 시킴).

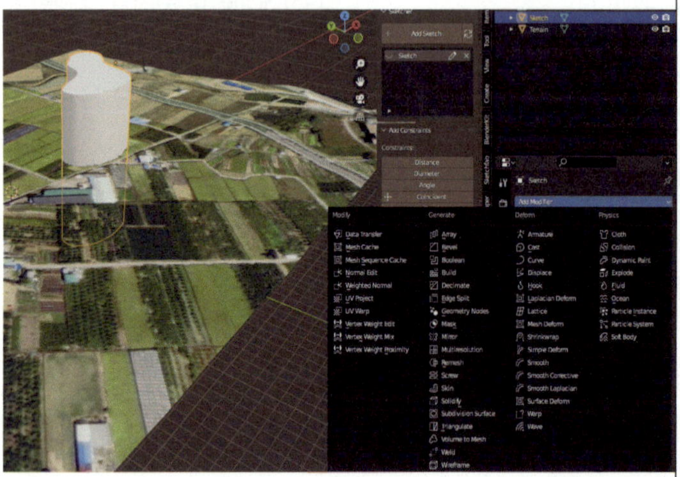

③ Tab을 눌러 Layout 모드로 변경 후 Terrain을 선택한다.

④ 오른쪽 메뉴 중 Modifier를 선택한다.
(렌치 아이콘)

⑤ Add Modifier을 선택한다.

⑥ Boolean을 선택한다.

5.2 소규모 수공간 비오톱 설치

① Difference를 선택한다.

② Object 메뉴의 스포이드를 통해 Sketch를 선택한다.

③ 삼각형 화살표를 선택한다.

④ Apply를 클릭한다.

5.2 소규모 수공간 비오톱 설치

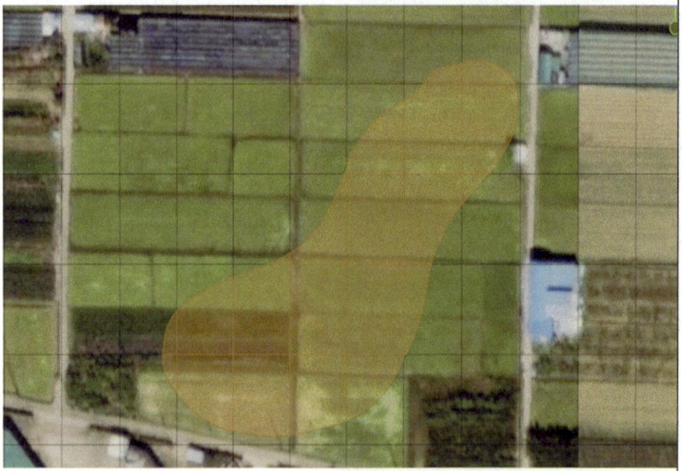

① Tab을 눌러 Edit 모드로 변경한다.

② 연못 테두리를 따라 면이 나누어진 것을 확인한다.

③ 연못 내부 면을 모두 선택한다.

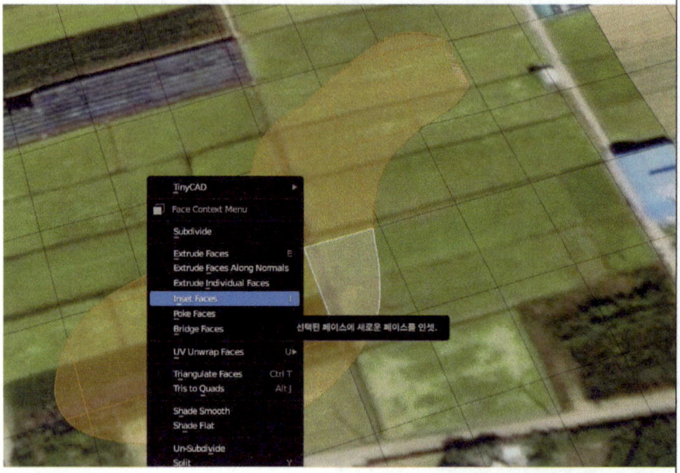

④ 마우스 오른쪽을 클릭한다.(메뉴)

⑤ Inset Faces를 선택한다.

5.2 소규모 수공간 비오톱 설치

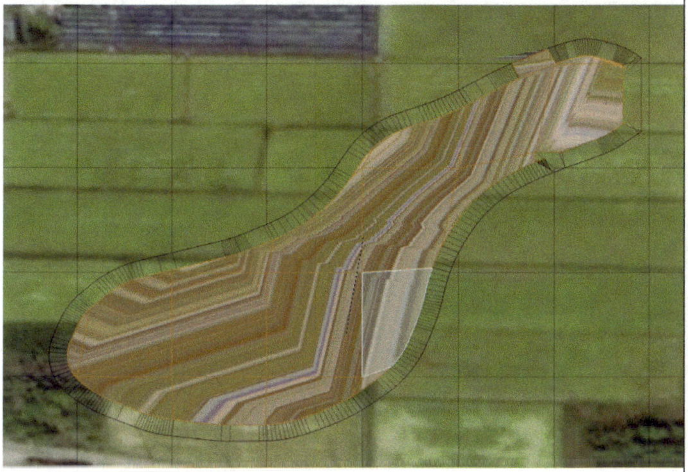

① 마우스를 이용해 안쪽으로 드래그 및 클릭한다.

② 안쪽 면을 모두 선택한다.

③ G, Z로 면을 아래로 내리고 S(sclae)를 활용해 면을 좁혀준다.
(연못 바닥 지형 제작)

5.2 소규모 수공간 비오톱 설치

① Sculpting 모드로 전환한다.

② 연못 바닥과 경사면의 각진 부분을 정리한다.

③ CAD Sketcher를 활용해 제작한 면을 G를 이용해 수면위치에 옮겨준다.

5.2 소규모 수공간 비오톱 설치

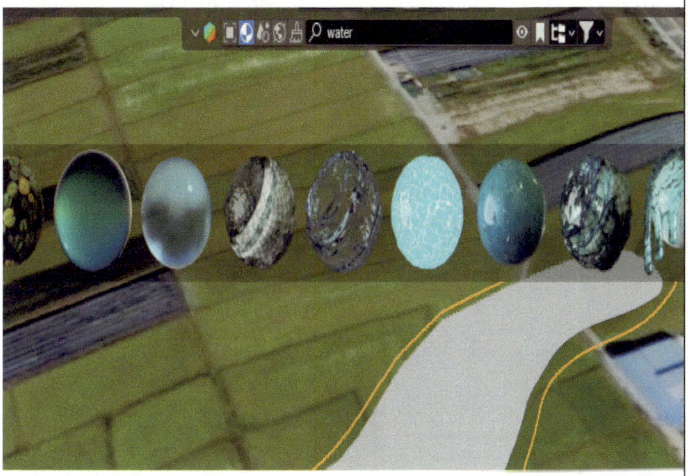

① 화면 상단의 BlenderKit을 활성화한 후 메테리얼 검색창으로 이동한다.
② Water를 검색한다.

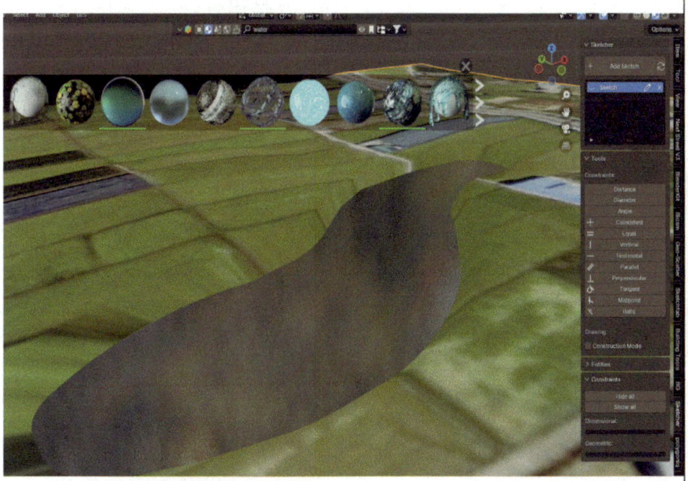

③ 적절한 메트리얼을 선택 후 수면으로 드래그한다.

5.3 경작지 내 포위된 소규모 수림 설치

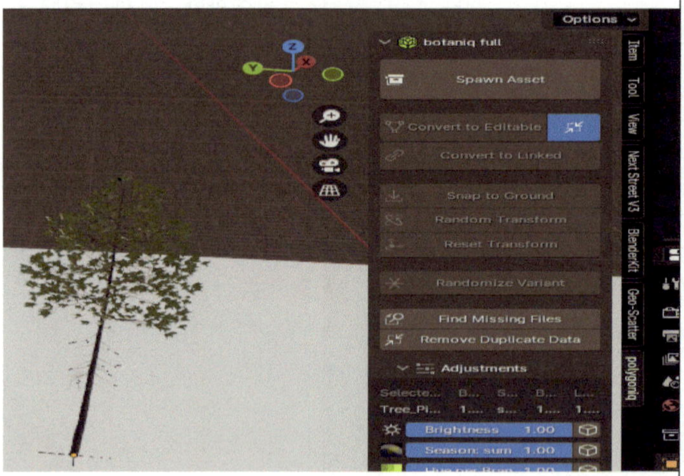

① “N”을 눌러 오른쪽 메뉴를 활성화 한다.

② Spawn Asset를 클릭한다.

③ 수림대에 맞는 수종을 선정한다.(활엽수, 침엽수)

④ 식재를 하고자하는 면을 분리한다.

5.3 경작지 내 포위된 소규모 수림 설치

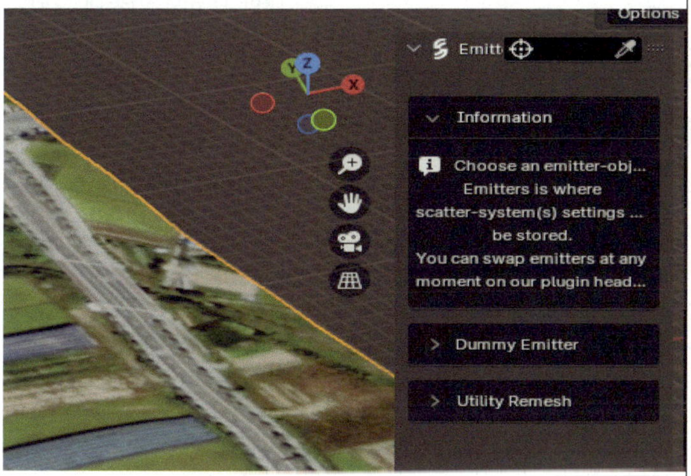

① Geo-Scatter에서 스포이드를 선택해 분리한 면을 선택한다.

② Manual Scatter을 사용해 식재하고 ESC를 통해 Scatter를 종료한다.

5.3 경작지 내 포위된 소규모 수림 설치

① Geo-Scatter 메뉴 중 Scale에 대한 메뉴로 이동해 상단의 Default Scale을 활성화 한다.

〈Scale 적용 전〉	〈Scale 적용 후〉

② Space 값을 Global으로 설정한다.(대상지의 면적이 변화하더라도 일정한 크기 유지)

③ Random Scale 메뉴에서 수치를 조절한다.

-〉 X 값을 0.33으로 한 경우, 수목의 크기(Scale)가 X축 방향으로 최대 3배까지 줄어들 수 있다는 의미.

5.3 경작지 내 포위된 소규모 수림 설치

① Geo-Scatter 메뉴 중 Rotation에 대한 메뉴로 이동한다.

〈Tilt값 20° 적용〉

〈Tilt값 0° 적용〉

② Axis의 값을 Surface Nomal에서 Golbal Z로 변경한다.

③ Random Rotation의 Tilt 값을 조절한다.

-〉 20°의 경우 0°(XY평면에 수직)에서 20°사이까지 랜덤하게 조성.

5.4 수림 조성

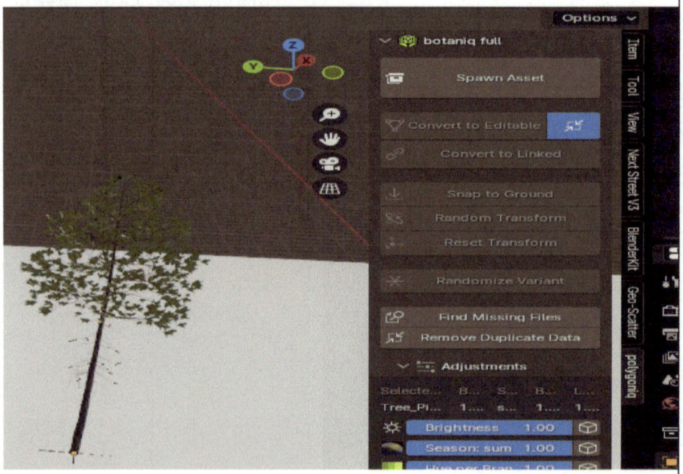

① "N"을 눌러 오른쪽 메뉴를 활성화 한다.

② Spawn Asset을 클릭한다.

③ 수림대에 맞는 수종을 선정한다.(활엽수, 침엽수)

④ 식재를 하고자하는 면을 분리한다.

5.4 수림 조성

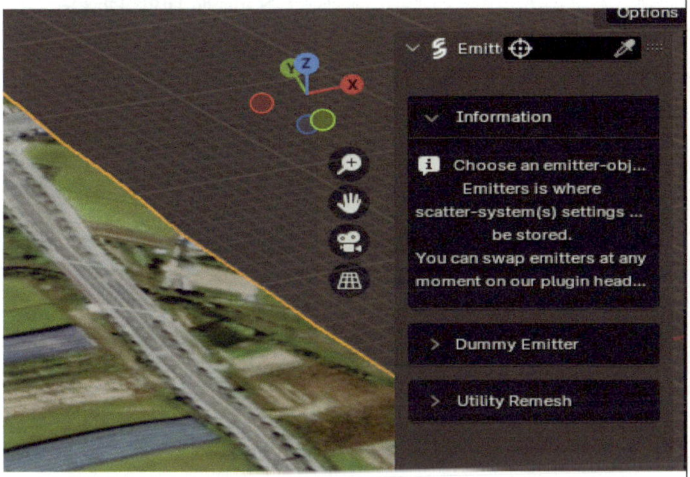

① Geo-Scatter에서 스포이드를 클릭해 분리한 면을 선택한다.

② Manual Scatter을 사용해 식재한다.

5.4 수림 조성

① Geo-Scatter 메뉴 중 Scale에 대한 메뉴로 이동한다.

② Default Scale 활성화 한다.

〈Scale 적용 전〉	〈Scale 적용 후〉

③ Space 값을 Global으로 설정한다.(대상지의 면적이 변화하더라도 일정한 크기 유지)

④ Random Scale 메뉴에서 수치를 조절한다.

-〉 X 값을 0.33으로 한 경우, 수목의 크기(Scale)가 X축 방향으로 최대 3배까지 줄어들 수 있다는 의미.

5.4 수림 조성

① Geo-Scatter 메뉴 중 Rotation에 대한 메뉴로 이동한다.

〈Tilt값 20° 적용〉	〈Tilt값 0° 적용〉

③ Axis의 값을 Surface Nomal에서 Golbal Z로 변경한다.

④ Random Rotation의 Tilt 값을 조절한다.

-〉 20°의 경우 0°(XY평면에 수직)에서 20°사이까지 랜덤하게 조성

5.5 경작지 가장자리 띠숲의 개선 및 열식 수목 설치

키큰 덤불류

① "N"을 눌러 오른쪽 메뉴를 활성화한다.

② Botaniq full의 Spawn Asset를 클릭한다.

③ 띠형 덤불림에 맞는 수종을 선정한다.

중간 규모의 교목

④ "N"을 눌러 오른쪽 메뉴를 활성화한다.

⑤ Botaniq full의 Spawn Asset를 클릭한다.

⑥ 띠형 덤불림 속 중소규모 교목에 맞는 수종을 선정한다.

5.5 경작지 가장자리 띠숲의 개선 및 열식 수목 설치

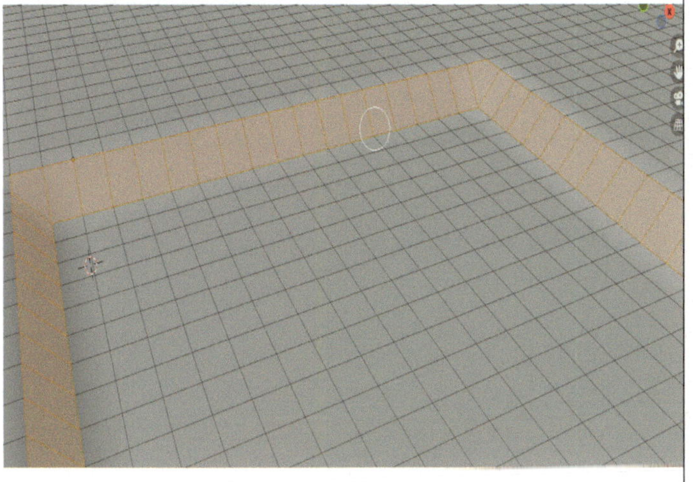

① 식재를 하고자 하는 면을 분리한다.(논의 가장자리 부분, 도로와 인접한 부분/Separate 활용)

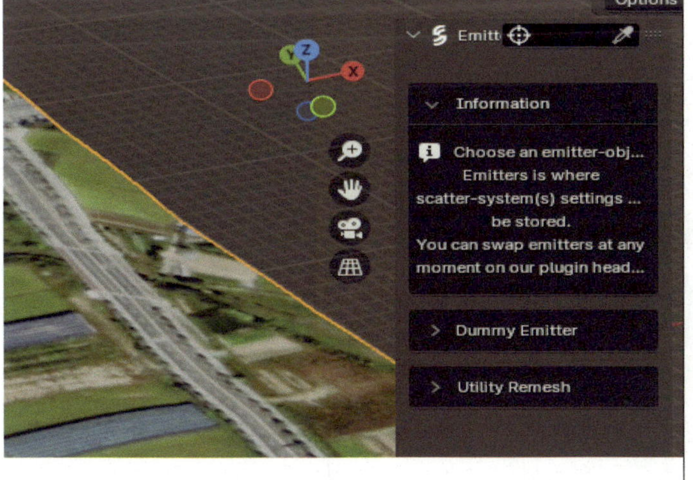

② Geo-Scatter에서 스포이드를 선택해 분리한 면을 선택한다.

5.5 경작지 가장자리 띠숲의 개선 및 열식 수목 설치

① Geo-Scatter 기능의 Manual Scatter(수동으로 식재)를 사용해 덤불을 식재한다.

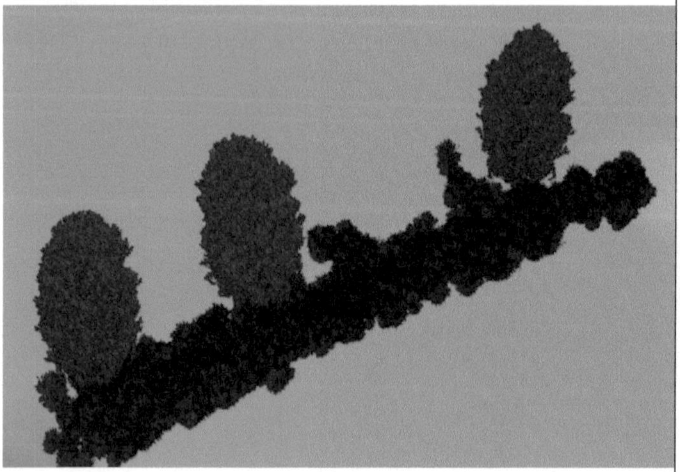

② Geo-Scatter 기능의 Manual Scatter(수동으로 식재)을 사용해 덤불 사이에 중간크기의 교목을 식재한다.

5.5 경작지 가장자리 띠숲의 개선 및 열식 수목 설치

덤불선택	회전 및 수직 설정	
	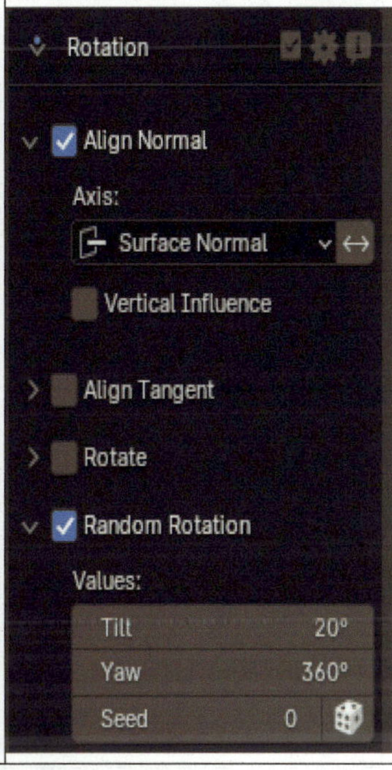	① SysTem(s) List에서 덤불을 선택한다. ② Rotation 메뉴로 이동한다. ③ Ailgn Nomal 활성화한다. ④ Axis 값을 Surface Nomal로 설정한다. -) 덤불은 면에 수직으로 자라기 때문에 면을 기준으로 설정

스케일 설정	
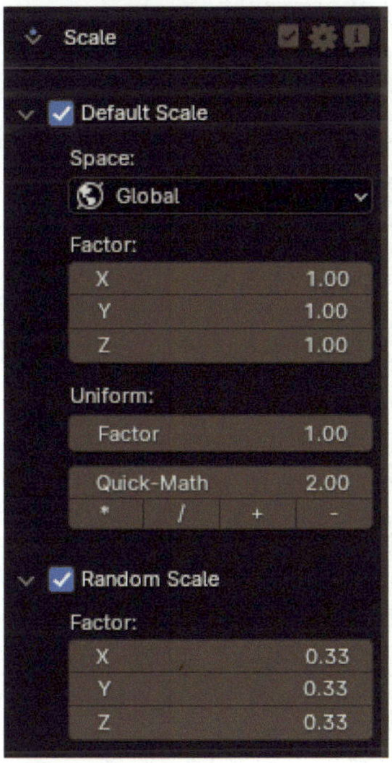	⑤ Scale 메뉴로 이동한다. ⑥ Default Scale을 활성화한다. ⑦ Space값을 Global로 설정한다. ⑧ Random Scale을 조정해 자연스럽게 연출한다.

5.5 경작지 가장자리 띠숲의 개선 및 열식 수목 설치

교목선택

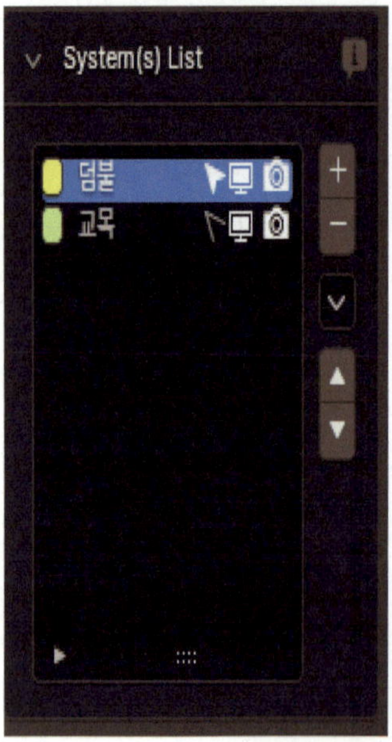

회전 및 수직 설정

① SysTem(s) List에서 교목을 선택한다.

② Rotation 메뉴로 이동한다.

③ Ailgn Nomal을 활성화한다.

④ Axis 값을 Global Z로 설정한다.

-> 교목은 하늘을 향해 성장함으로 XY평면에 대해 수직으로 설정

스케일 설정

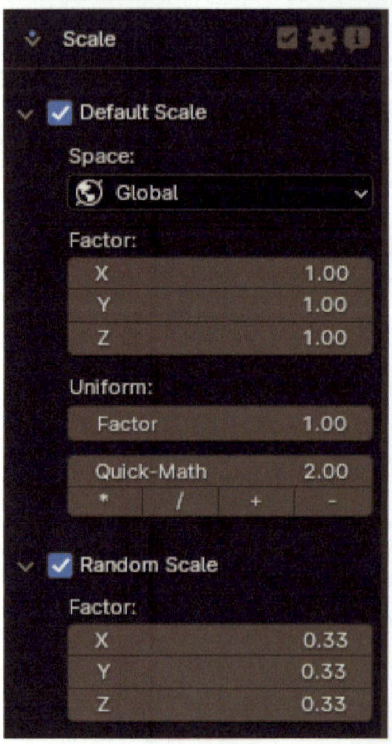

⑤ Scale 메뉴로 이동한다.

⑥ Default Scale을 활성화한다.

⑦ Space값을 Global로 설정한다.

⑧ Random Scale을 조정해 자연스럽게 연출한다.

5.6 덤불림 형태의 띠형 수림 설치 및 비경작지 테두리 띠숲 식재

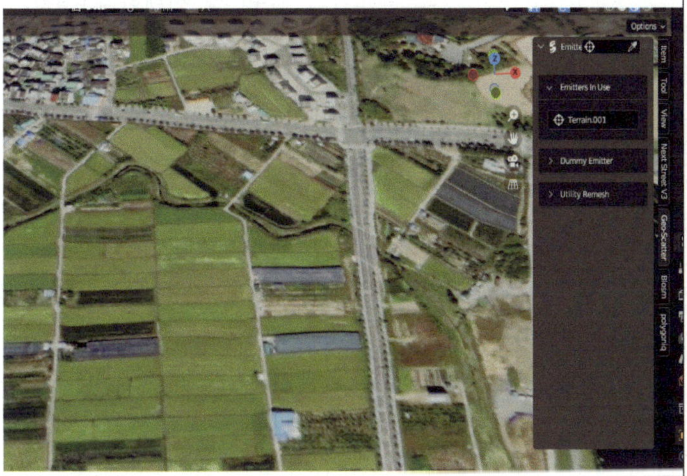

① "N"을 눌러 오른쪽 메뉴를 활성화 한다.

② Botaniq full의 Spawn Asset를 클릭한다.

③ 띠숲에 맞는 수종을 선정한다.(비교적 규모가 작은 띠숲, 덤불림+키낮은 관목으로 구성)

5.6 덤불림 형태의 띠형 수림 설치 및 비경작지 테두리 띠숲 식재

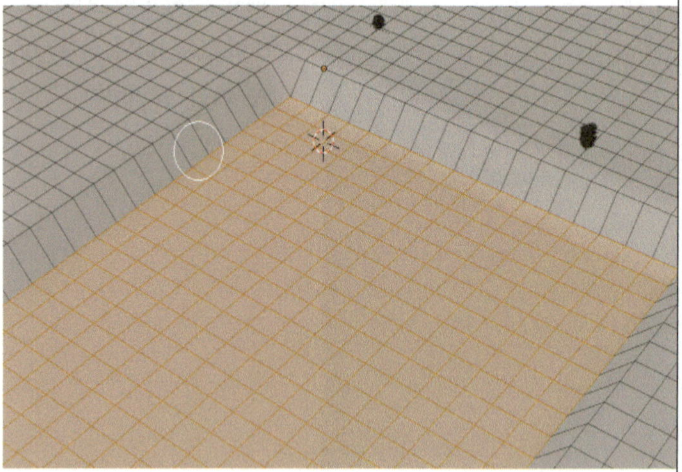

① 식재를 하고자 하는 면을 분리 및 선택한다.(경작지 내부)

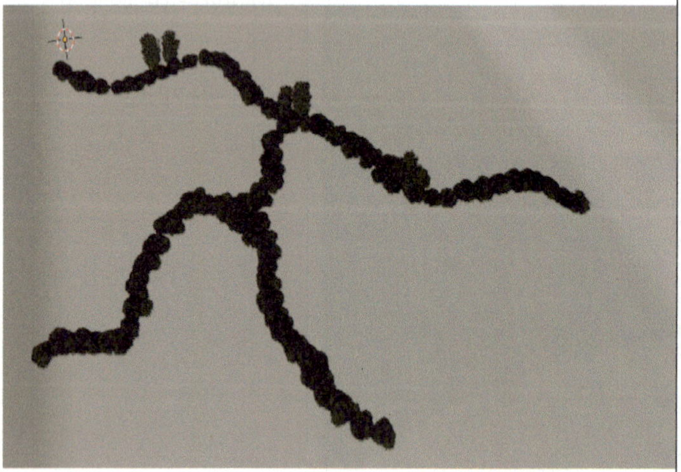

② Geo-Scatter 기능의 Manual Scatter(수동, 자연형으로 식재)을 사용해 식재한다.

③ 덤불림을 중심으로 식재 후 키가 큰 관목 적절히 식재한다.

5.6 덤불림 형태의 띠형 수림 설치 및 비경작지 테두리 띠숲 식재

키 낮은 덤불선택

회전 및 수직 설정

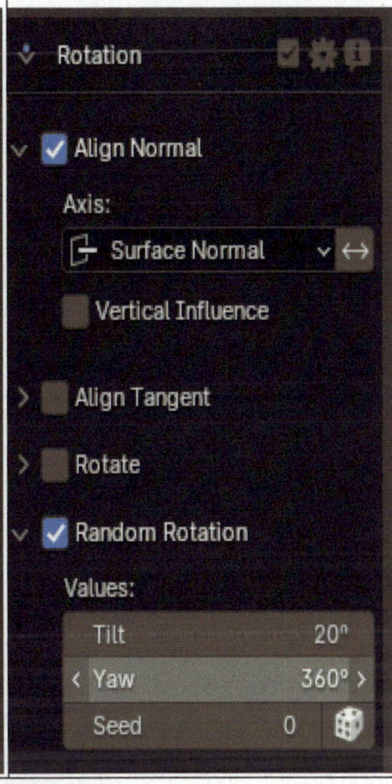

① SysTem(s) List에서 키낮은 덤불을 선택한다.

② Rotation 메뉴로 이동한다.

③ Ailgn Nomal을 활성화한다.

④ Axis 값을 Surface Nomal로 설정한다.

-> 덤불은 면에 수직으로 자라기 때문에 면을 기준으로 설정

스케일 설정

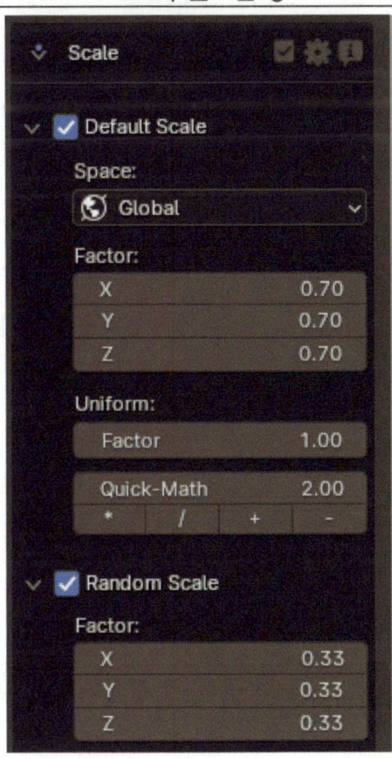

⑤ Scale 메뉴로 이동한다.

⑥ Default Scale을 활성화한다.

⑦ Space값을 Global로 설정한다.

⑧ Random Scale을 조정해 자연스럽게 연출한다.

5.6 덤불림 형태의 띠형 수림 설치 및 비경작지 테두리 띠숲 식재

키큰 덤불 선택	회전 및 수직 설정	
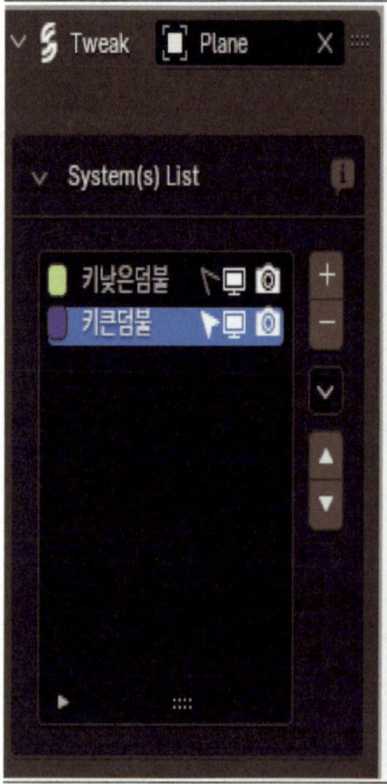	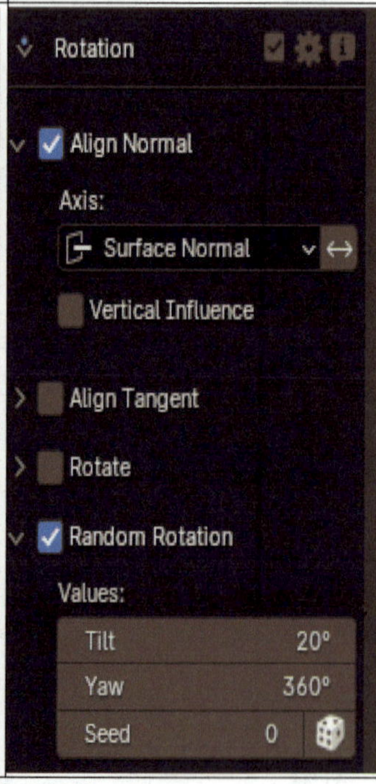	① SysTem(s) List에서 키큰 덤불을 선택한다. ② Rotation 메뉴로 이동한다. ③ Ailgn Nomal을 활성화한다. ④ Axis 값을 Surface Nomal로 설정한다. -> 덤불은 면에 수직으로 자라기 때문에 면을 기준으로 설정

스케일 설정	
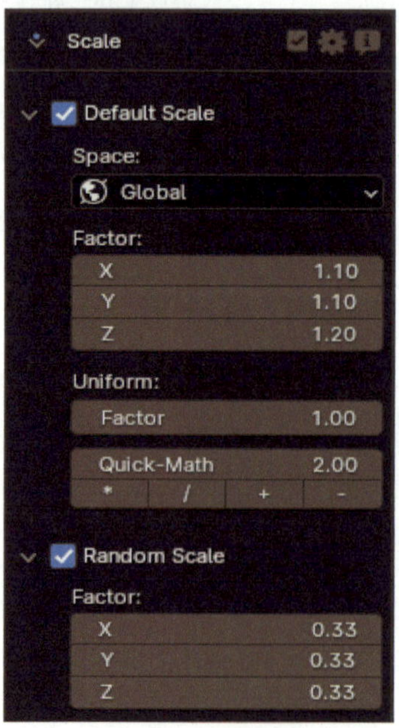	⑤ Scale 메뉴로 이동한다. ⑥ Default Scale을 활성화한다. ⑦ Space값을 Global로 설정한다. ⑧ Random Scale을 조정해 자연스럽게 연출한다.

5.7 수변 수림의 설치

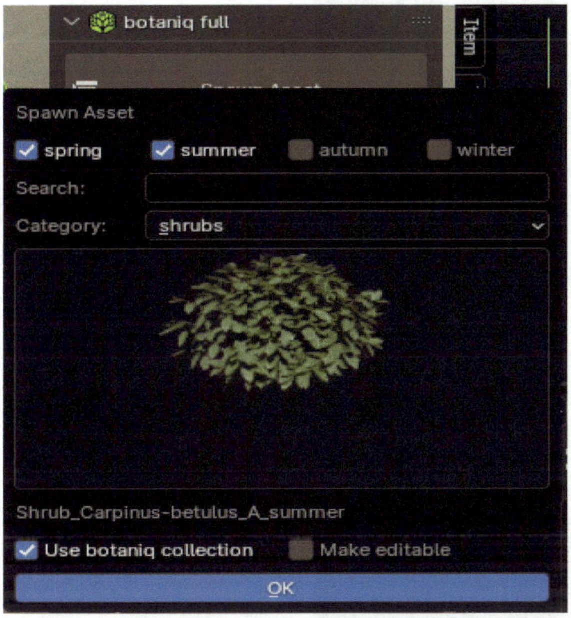

① "N"을 눌러 오른쪽 메뉴를 활성화한다.

② Botaniq full의 Spawn Asset을 클릭한다.

③ 하천변, 저수지변(뚝방, 제방포함) 연못 주위 수림대에 어울리는 갈대류를 선택한다.

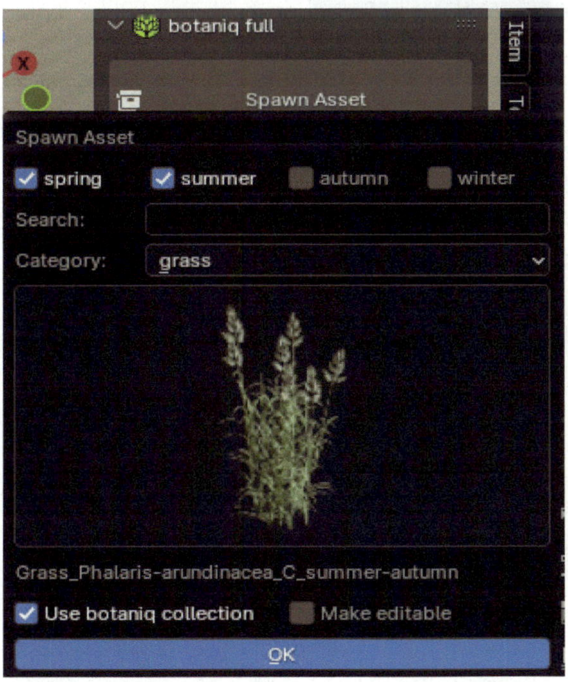

④ "N"을 눌러 오른쪽 메뉴를 활성화한다.

⑤ Botaniq full의 Spawn Asset을 클릭한다.

⑥ 하천변, 저수지변(뚝방, 제방포함) 연못 주위 수림대에 어울리는 갈대류를 선택한다.

5.7 수변 수림의 설치

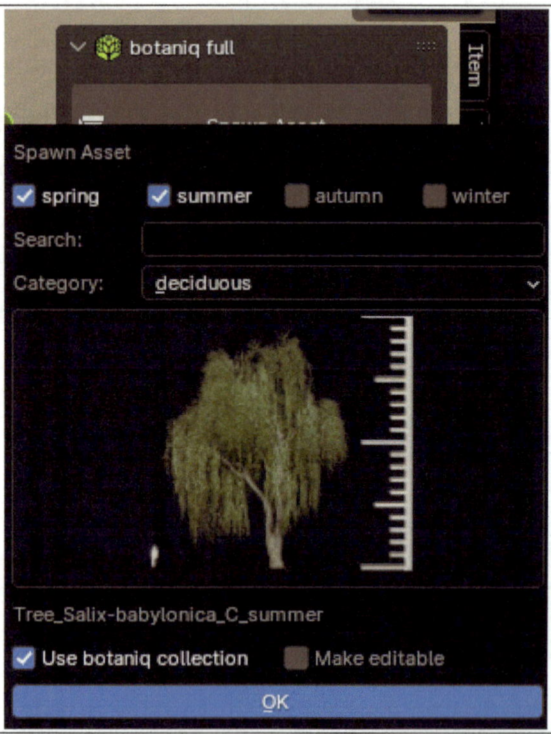

① "N"을 눌러 오른쪽 메뉴를 활성화한다.

② Botaniq full의 Spawn Asset을 클릭한다.

③ 하천변, 저수지변(뚝방, 제방포함) 연못 주위 수림대에 어울리는 교목을(버드나무류 등) 선택한다.

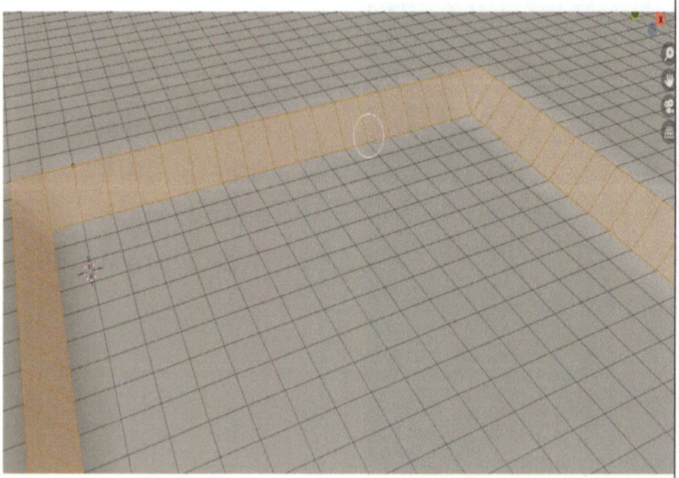

④ 식재 하고자 하는 면을 분리 및 선택한다.(수변 가장자리 및 뚝방 경사면)

5.7 수변 수림의 설치

① Geo-Scatter 기능의 Manual Scatter (수동으로 식재)를 사용해 식재한다.

* 폭을 넓게 설정, 굴곡도를 높게주어 자연형으로 식재
* 나대지 등 독립적인 공간을 만들어 주거나 식새

5.7 수변 수림의 설치

관목류 선택

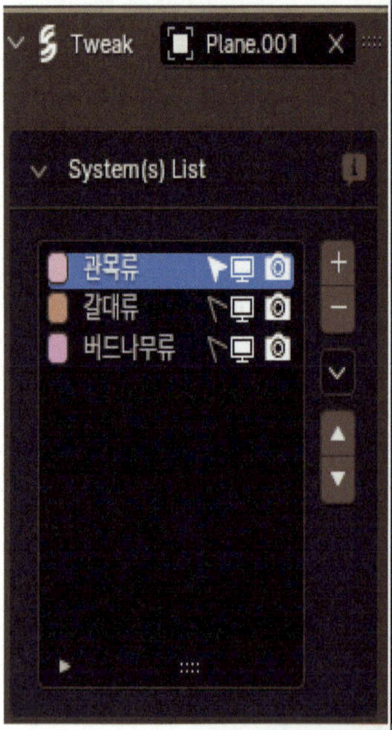

회전 및 수직 설정

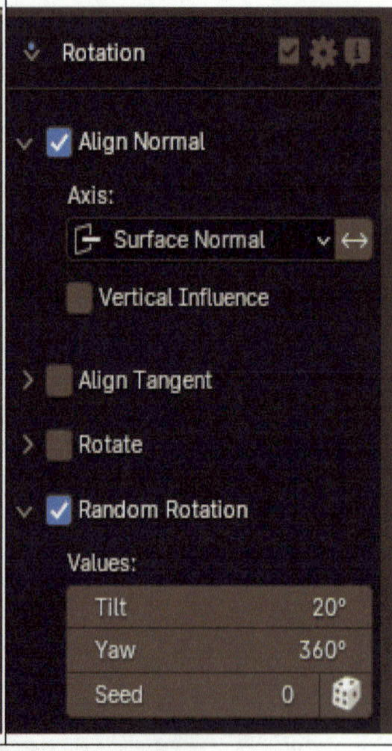

① SysTem(s) List에서 관목류를 선택한다.

② Rotation 메뉴로 이동한다.

③ Ailgn Nomal을 활성화한다.

④ Axis 값을 Surface Nomal로 설정한다.

-> 관목은 면에 수직으로 자라기 때문에 면을 기준으로 설정

스케일 설정

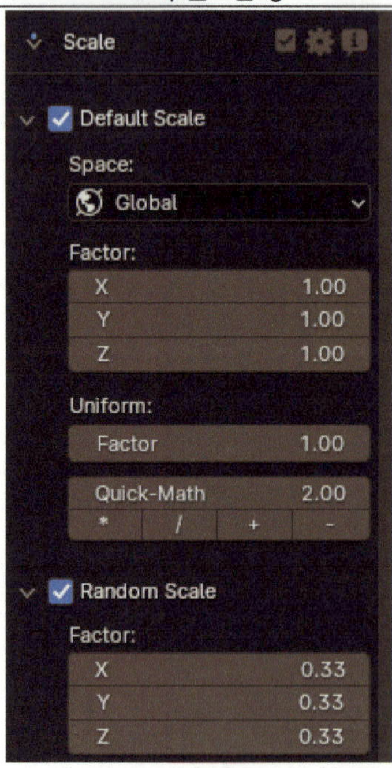

⑤ Scale 메뉴로 이동한다.

⑥ Default Scale을 활성화한다.

⑦ Space값을 Global로 설정한다.

⑧ Random Scale을 조정해 자연스럽게 연출한다.

5.7 수변 수림의 설치

갈대류 선택	회전 및 수직 설정	
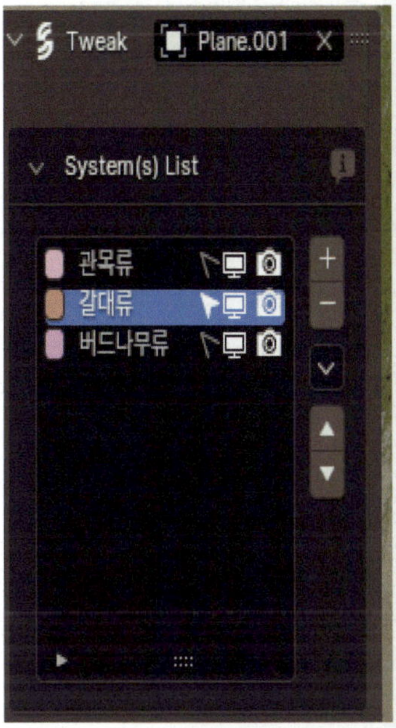	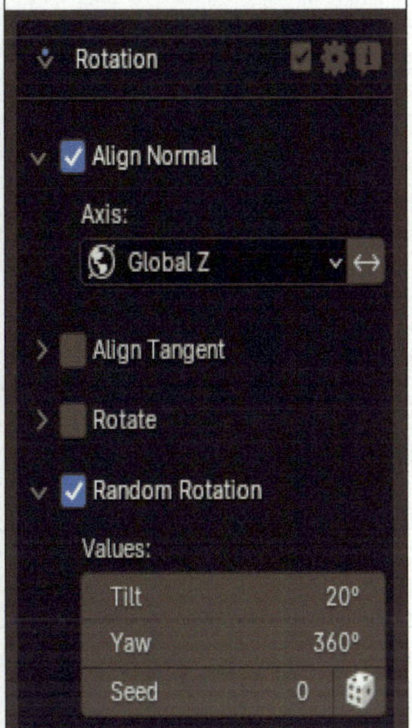	① SysTem(s) List에서 갈대류를 선택한다. ② Rotation 메뉴로 이동한다. ③ Ailgn Nomal을 활성화한다. ④ Axis 값을 Surface Nomal로 설정한다. -> 갈대류는 면에 수직으로 자라는 빈도가 높기 때문에 면을 기준으로 설정

스케일 설정	
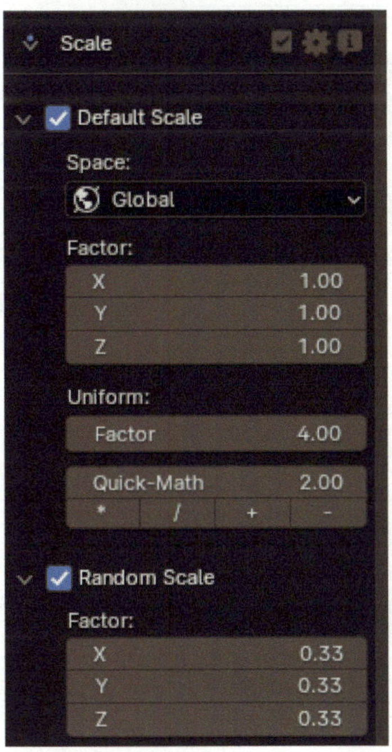	⑤ Scale 메뉴로 이동한다. ⑥ Default Scale을 활성화한다. ⑦ Space값을 Global로 설정한다. ⑧ Random Scale을 조정해 자연스럽게 연출한다.

5.7 수변 수림의 설치

버드나무류 선택

회전 및 수직 설정

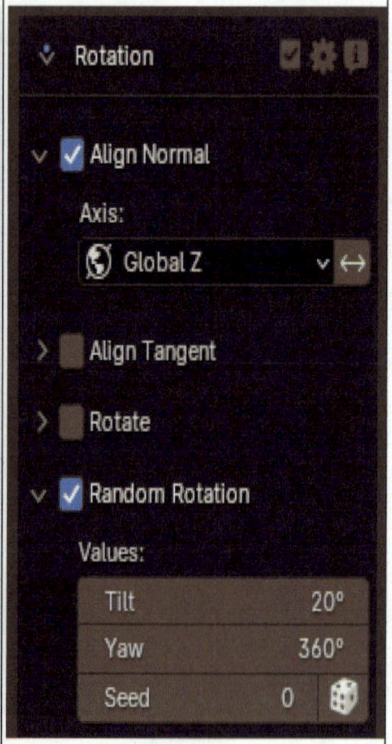

① SysTem(s) List에서 버드나무류를 선택한다.

② Rotation 메뉴로 이동한다.

③ Ailgn Nomal을 활성화한다.

④ Axis 값을 Global Z로 설정한다.

-> 버드나무류(교목)는 하늘을 향해 자라기 때문에 중력 방향으로 설정

스케일 설정

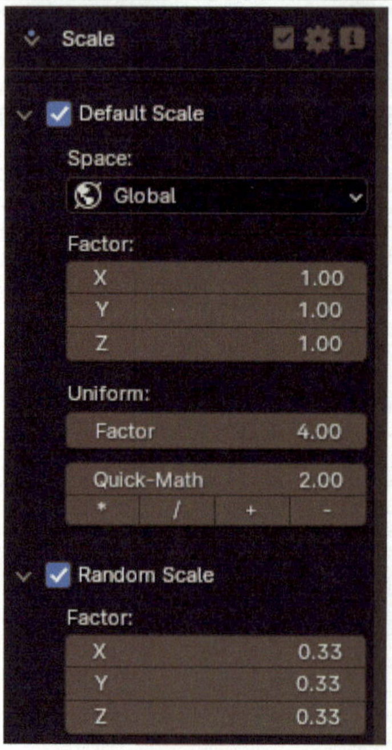

⑤ Scale 메뉴로 이동한다.

⑥ Default Scale을 활성화한다.

⑦ Space값을 Global로 설정한다.

⑧ Random Scale을 조정해 자연스럽게 연출한다.

5.8 수변 가장자리 개선

① 기존 수림의 끝 가장자리 부분에 해당한다.

② Edit모드로 전환해 K(knife)로 가장자리 부분을 분리해준다.

③ 가장자리부분을 선택하고 Separate를 활용해 면을 분리한다.

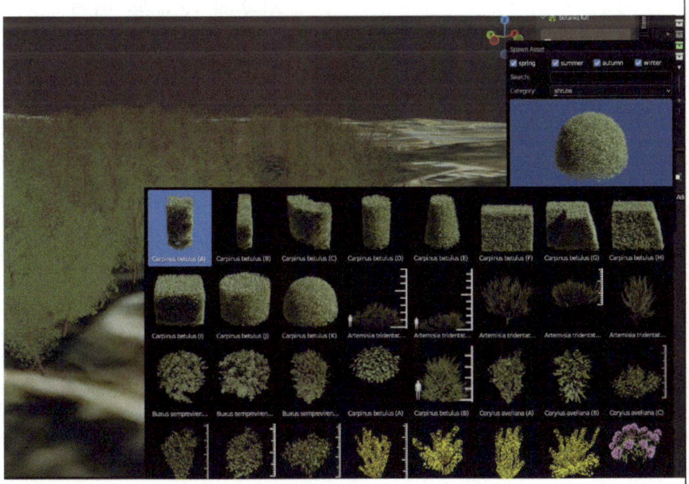

④ "N"을 눌러 오른쪽 메뉴를 활성화한다.

⑤ Botaniq full의 Spawn Asset을 클릭한다.

⑥ 관목, 소교목 중심으로 선택한다.

5.8 수변 가장자리 개선

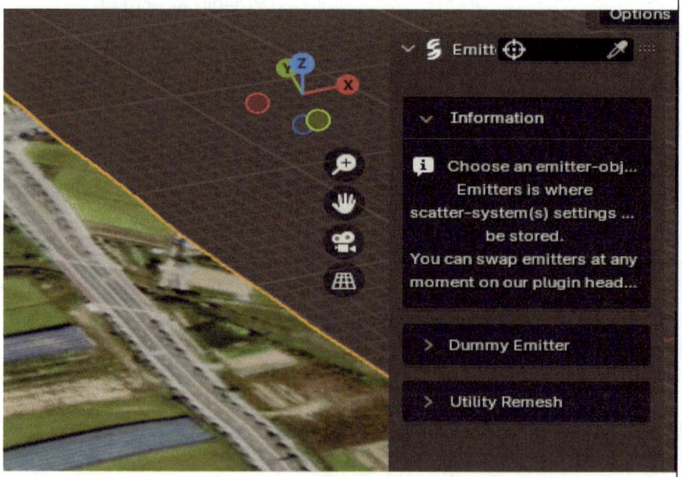

① Geo-Scatter에서 스포이드를 선택해 수림의 가장자리 면을 선택한다.

② Geo-Scatter 기능의 Manual Scatter(수동으로 식재)을 사용해 소교목 먼저 식재한다.

③ Geo-Scatter 기능의 Manual Scatter(수동으로 식재)을 사용해 관목을 식재한다.

* 다층구조 조성

5.8 수변 가장자리 개선

덤불선택

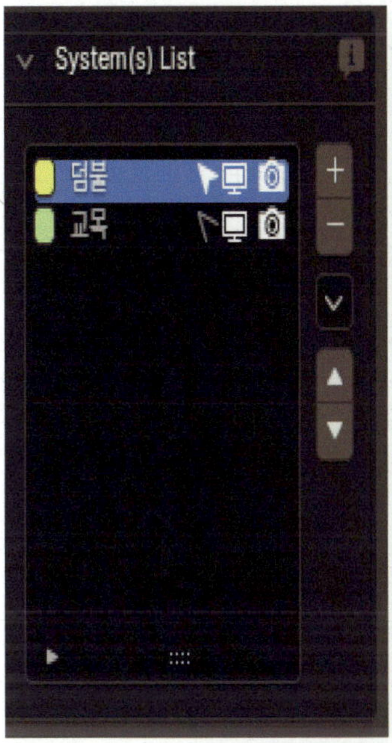

회전 및 수직 설정

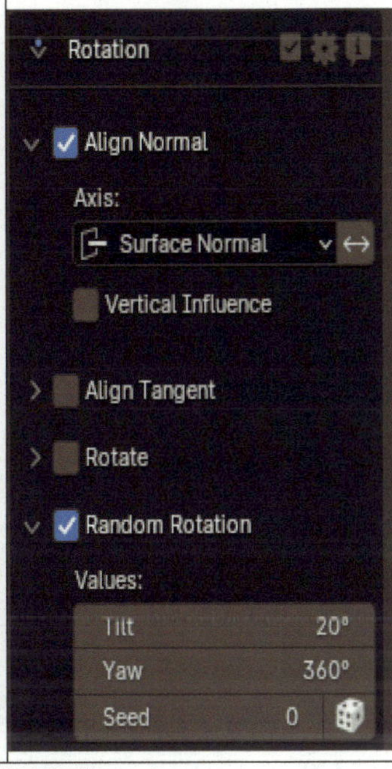

① SysTem(s) List에서 덤불을 선택한다.

② Rotation 메뉴로 이동한다.

③ Ailgn Nomal을 활성화한다.

④ Axis 값을 Surface Nomal로 설정한다.

-> 덤불은 교목처럼 하늘로 자라는 것이 아니라 면에 수식으로 자라기 때문에 면을 기준으로 설정

스케일 설정

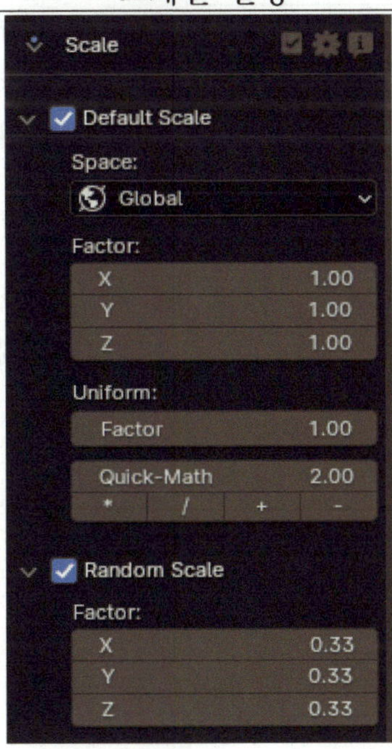

⑤ Scale 메뉴로 이동한다.

⑥ Default Scale을 활성화한다.

⑦ Space값을 Global로 설정한다.

⑧ Random Scale을 조정해 자연스럽게 연출한다.

5.8 수변 가장자리 개선

교목선택	회전 및 수직 설정	
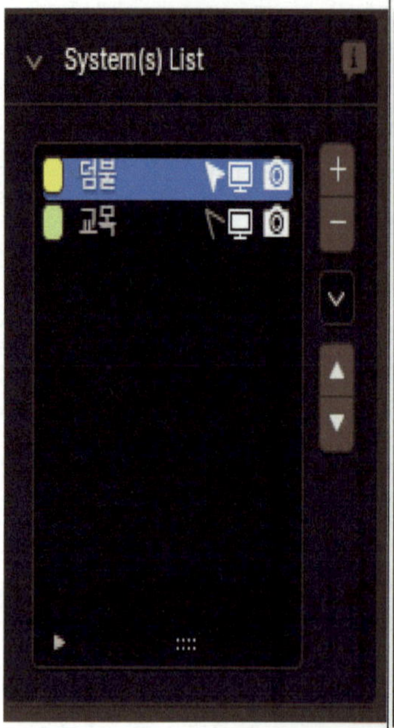	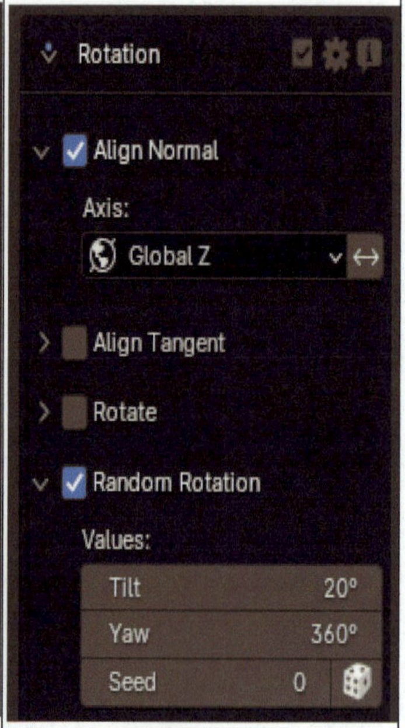	① SysTem(s) List에서 교목을 선택한다. ② Rotation 메뉴로 이동한다. ③ Ailgn Nomal을 활성화한다. ④ Axis 값을 Global Z로 설정한다. -> 교목은 하늘을 향해 성장함으로 XY평면에 대해 수직으로 설정

스케일 설정	
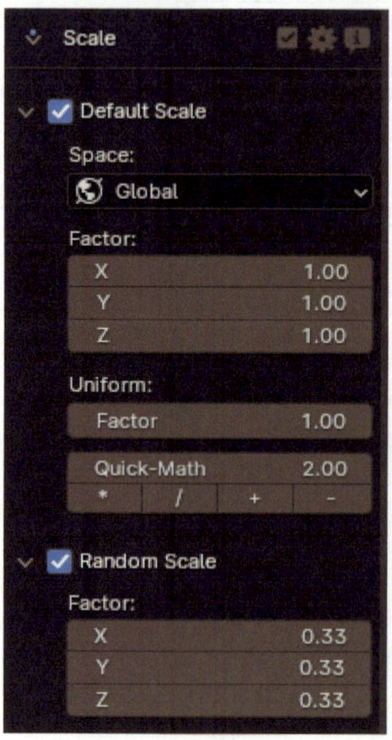	⑤ Scale 메뉴로 이동한다. ⑥ Default Scale을 활성화한다. ⑦ Space값을 Global로 설정한다. ⑧ Random Scale을 조정해 자연스럽게 연출한다.

5.9 원형형 수목 설치

① 마을 입구 주변 면을 분리한다.

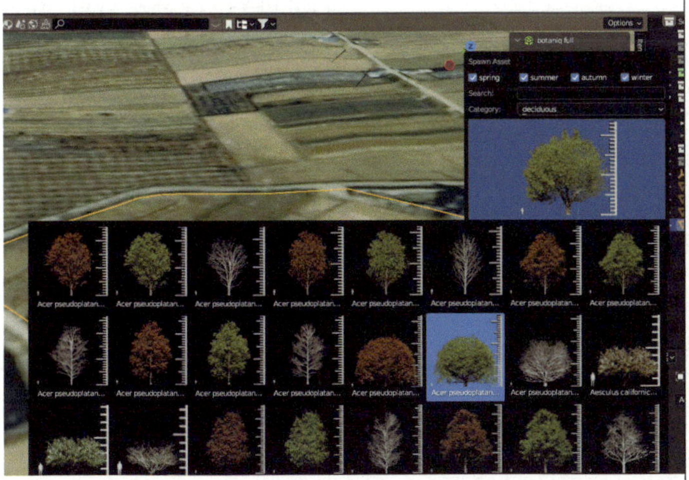

② "N"을 눌러 오른쪽 메뉴를 활성화한다.

③ Botaniq full의 Spawn Asset을 클릭한다.

④ 수형이 둥글고 넓은 교목으로 선택한다.

⑤ Ok를 클릭한다.

5.9 원정형 수목 설치

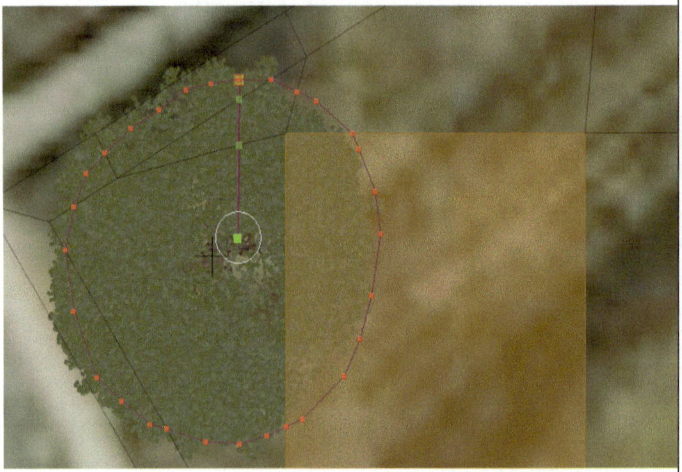

① 교목의 수관폭 정도의 면을 분리한다.

② 분리한 면을 선택한다.

③ 마우스 오른쪽 클릭, inset face를 클릭한다.

④ 안쪽으로 살짝 끌어당겨준다.

5.9 원정형 수목 설치

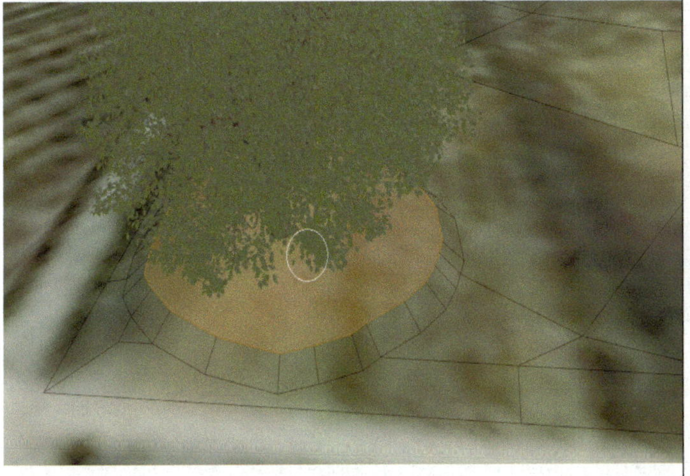

① G, Z를 이용해 지형을 주변보다 살짝 올려준다.

② 잔디, 벤치 등으로 꾸며준다.

〈보전적 측면에서 경관계획 플랫폼이 적용된 대상지 모습〉

심화 디지털트윈지도 제작
- 자연체험 및 휴양적 측면에서의 경관계획모형 적용 -

CHAPTER 06

6.1 산책로 설치

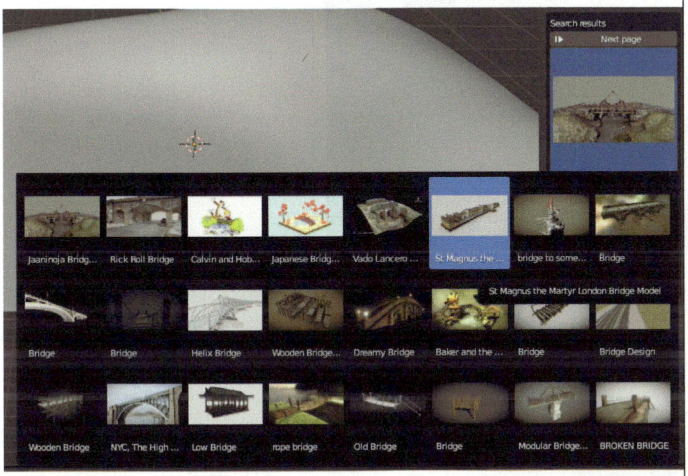

① N을 눌러 메뉴 활성화 후 Sketchfab를 선택한다.
② 회원가입 및 로그인을 한다.
③ 검색창에 'bridge' 검색한다.
⑤ 어울리는 Bridge를 클릭한다.

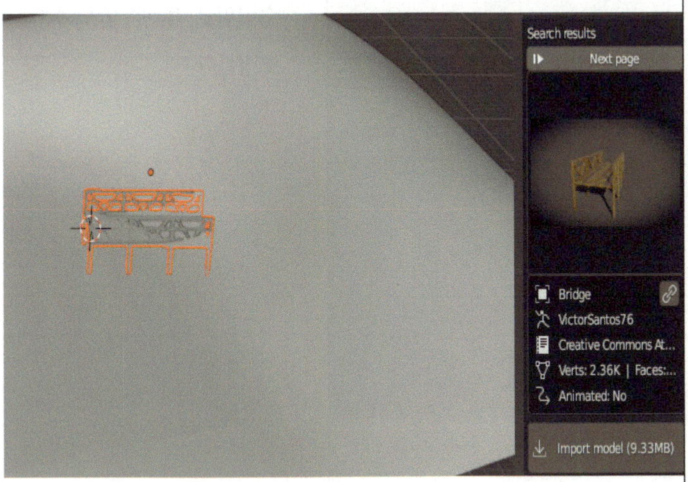

⑥ Import model을 클릭한다.

6.1 산책로 설치

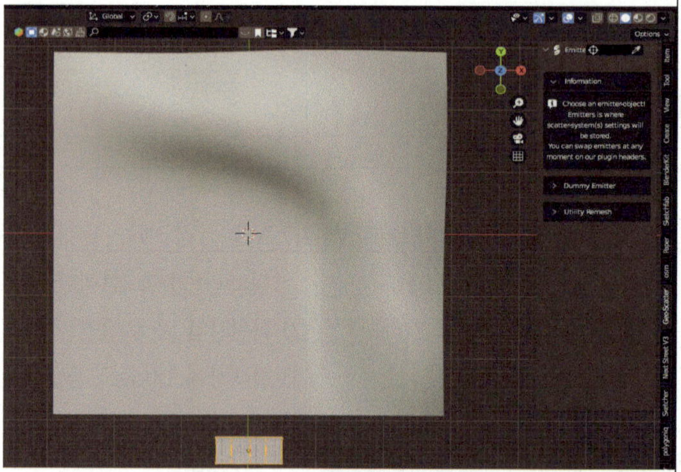

① Top View로 전환한다.

② Geo-Scatter 메뉴로 이동한다.

③ 스포이드를 이용해 지형(수변, 강변)을 선택한다.

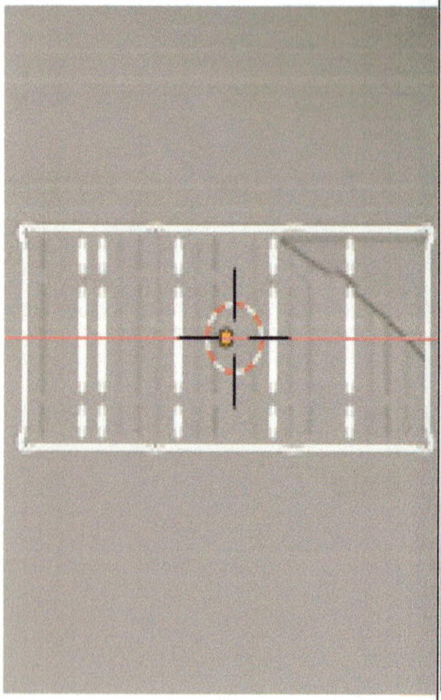

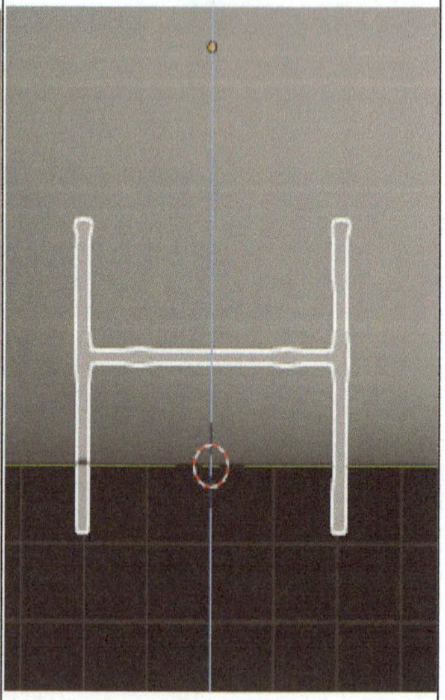

④ Bridge를 (0, 0, 0)지점으로 이동한다.

⑤ G, Z를 이용해 바닥면 또는 수면위로 올 수 있도록 조정한다.

6.1 산책로 설치

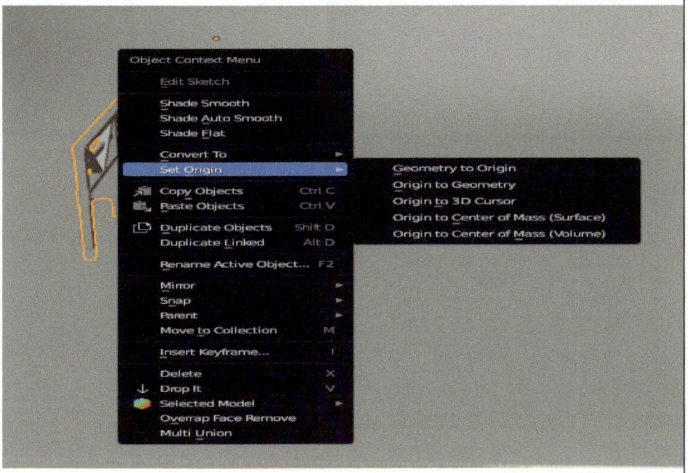

① Bridge를 선택한다.
② 마우스 오른쪽을 클릭한다.
③ Set Origin 메뉴로 이동 후 Origin to 3D Cursor를 클릭한다.

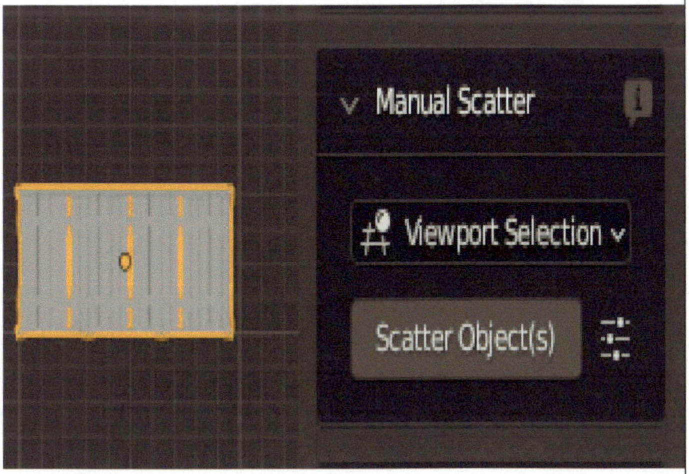

④ Manual Scatter 메뉴를 클릭한다.
⑤ Bridge 오브젝트를 선택한다.
⑥ Scatter Object(s)를 클릭한다.

6.1 산책로 설치

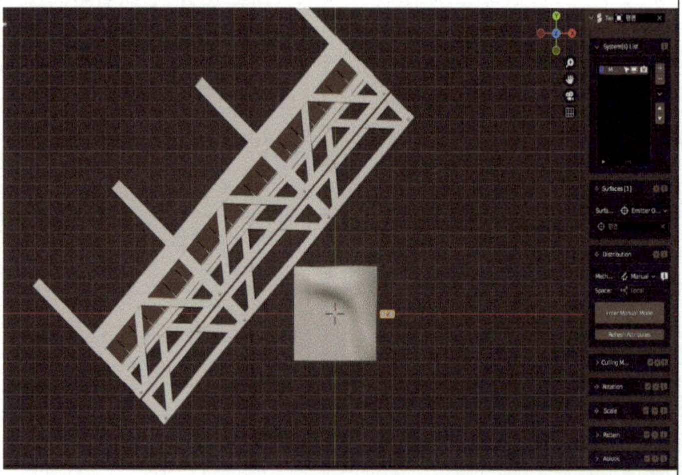

① Scatter를 이용한 첫 장면
② ESC를 눌러 Manual Mode를 종료한다.

6.1 산책로 설치

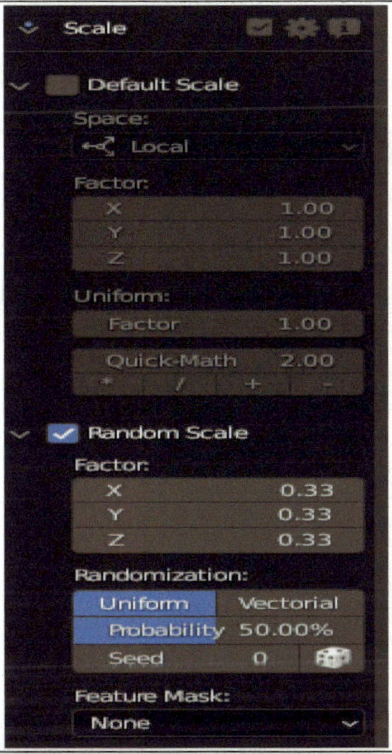

① Scale 메뉴로 이동한다.

② Default Scale을 활성화한다.

③ Space 값을 Local에서 Global로 변경한다.

④ Random Scale을 비활성화한다.

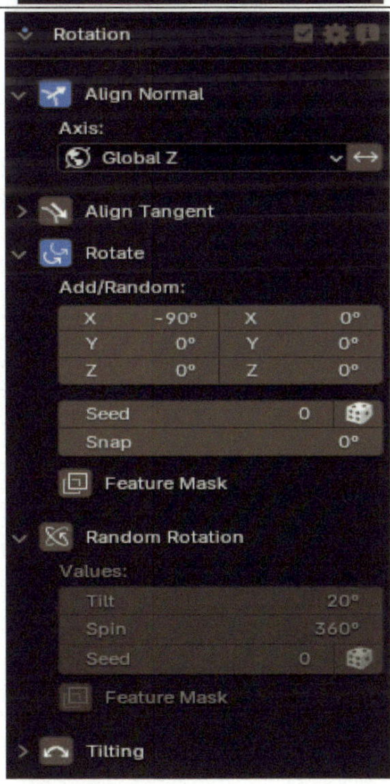

⑤ Rotation 메뉴로 이동한다.

⑥ Align Nomal을 활성화한다.

⑦ Axis 값을 Surface Normal에서 Global Z로 변경한다.

⑧ Random Rotation 비활성화한다.

⑨ Rotate 활성화

⑩ X의 첫 번째 값을 -90°로 변경한다.

6.1 산책로 설치

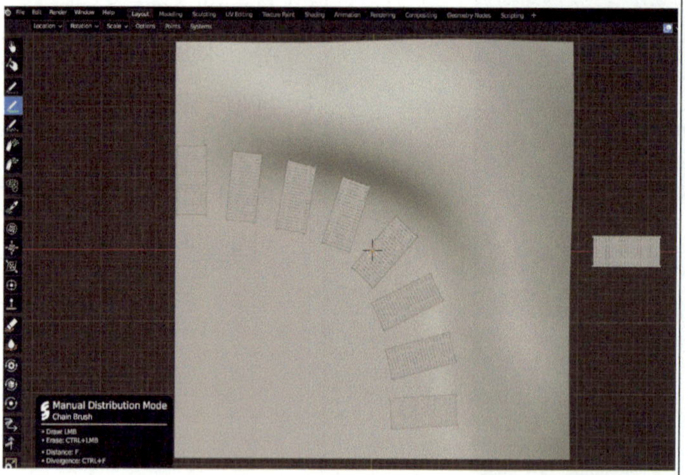

① Manual Mode로 전환한다.
② Chain을 활용해 데크길 계획을 위치를 따라 그려준다.
③ F를 눌러 간격을 조절한다.

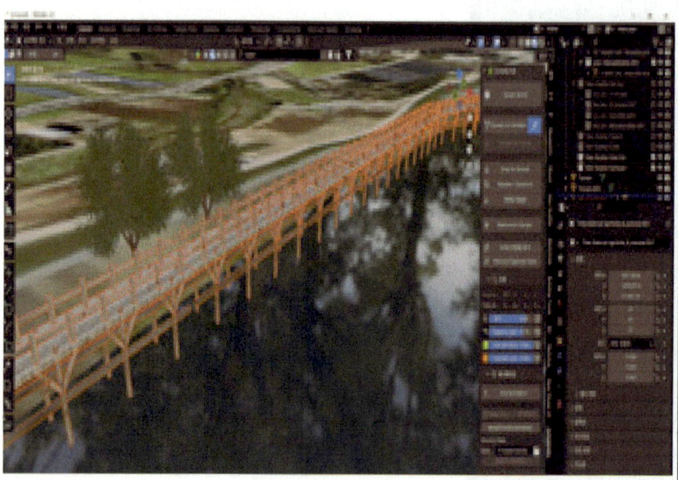

③ F를 눌러 간격을 조절한다.
④ Viweprot Shading 모드로 전환한다.

6.1 산책로 설치

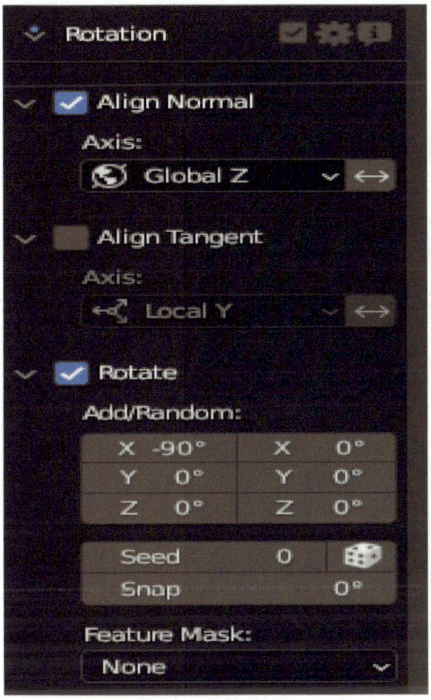

① ESC를 눌러 Manual Mode을 종료한다.

② Rotation 메뉴의 Rotate로 이동한다.

③ Z축의 첫 번째 값을 이용해 자연스럽게 연결되도록 조정한다.

③ G,Z를 활용해 높낮이를 조절해준다.

6.2 자연을 전제로 한 소규모 휴양공간 조성 및 경관작물 재배지 조성

① Sketchfab 또는 BlenderKit 검색창에 cafe, pension, hotel 등을 검색한다.

② 원하는 또는 어울리는 건물을 선택한다.

③ 풍경을 즐길 수 있는 곳에 적절히 배치한다.

④ Terrain눙 선택한다.

⑤ Edit Mode로 전환한다.

⑥ 휴양공간 앞 공간을 분리한다.

6.2 자연을 전제로 한 소규모 휴양공간 조성 및 경관작물 재배지 조성

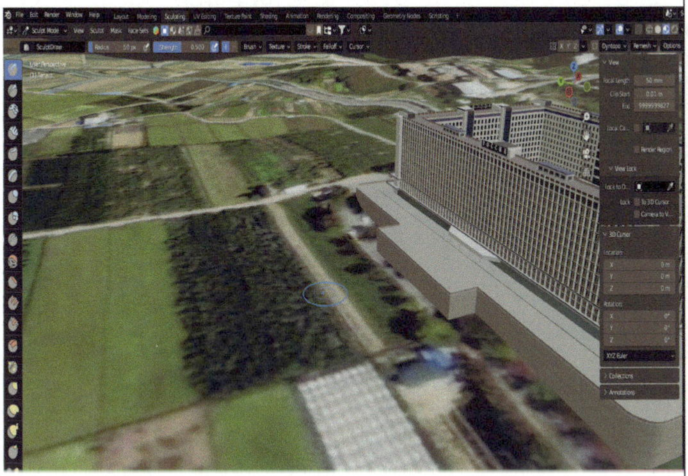

① Sculpting 모드로 전환한다.
② 휴양공간과 자연스럽게 연결되는 평지 및 동산을 조성한다.

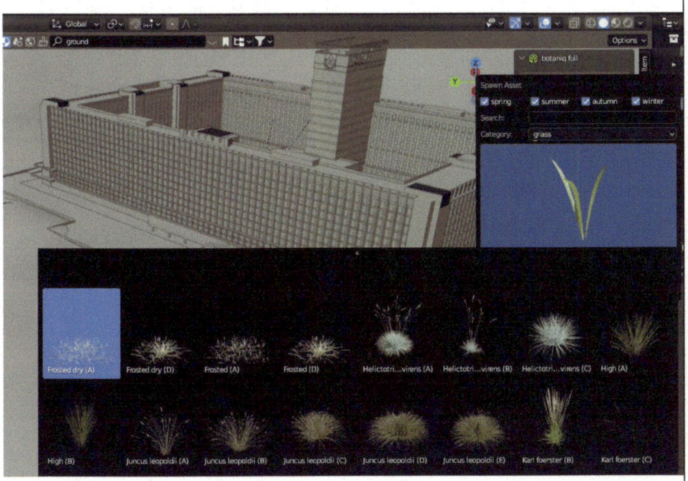

③ Botaniq 메뉴에서 카테고리 Grass로 이동한다.
④ 잔디 Cut Grid(B)을 선택한다.

6.2 자연을 전제로 한 소규모 휴양공간 조성 및 경관작물 재배지 조성

① GeoScatter 메뉴로 이동한다.
② 스포이드를 이용해 분리한 면을 선택한다.
③ 선정한 잔디를 선택하고, Manual Scatter을 실행한다.

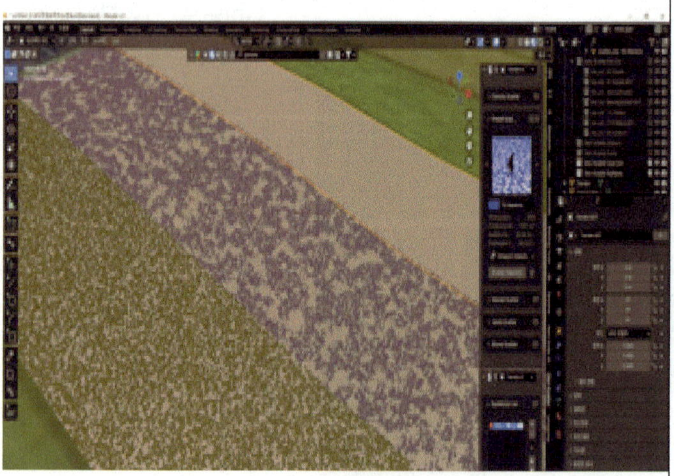

④ 스프레이를 이용해 해당 영역 도포한다.
⑤ ESC를 눌러 Manual Scatter을 종료한다.
⑥ Scale 메뉴로 이동한다.
⑦ Defult Scale 활성화한다.
⑧ Local 값을 Global로 변경한다.

6.3 주차장 설치

① Edit 모드로 전환한다.
② 주차장을 제작할 공간을 K(kinfe)를 활용해 구분한다.
③ 마우스 오른쪽 클릭, Separate, Selection을 이용해 면을 분리하고 "생태주차장"으로 이름을 변경한다.

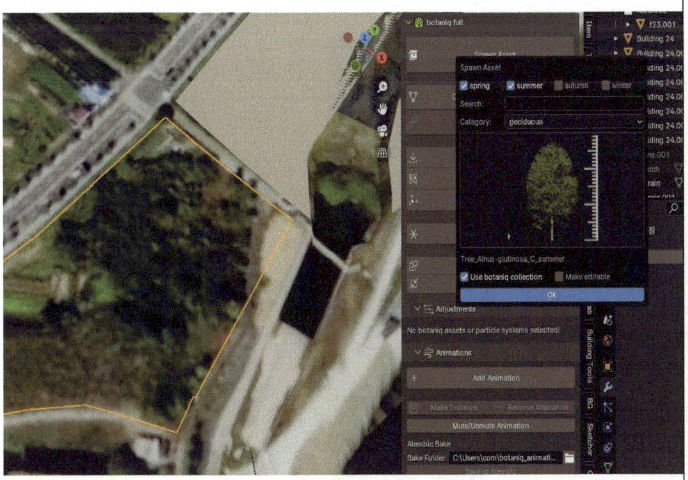

④ 사이드메뉴(N)에서 polygoniq를 선택한다.
⑤ 생태주차장에 어울리는 교목, 관목 선택한다.

6.3 주차장 설치

① Geo-Scatter 메뉴로 이동한다.

② 스포이드를 이용해 "생태주차장"을 선택한다.

③ 앞서 선정한 관목을 선택한다.

④ Manual Scatter 메뉴의 Scatter Object(s)를 클릭한다.

⑤ Chain을 활용해 주차구역을 나누어 준다.

6.3 주차장 설치

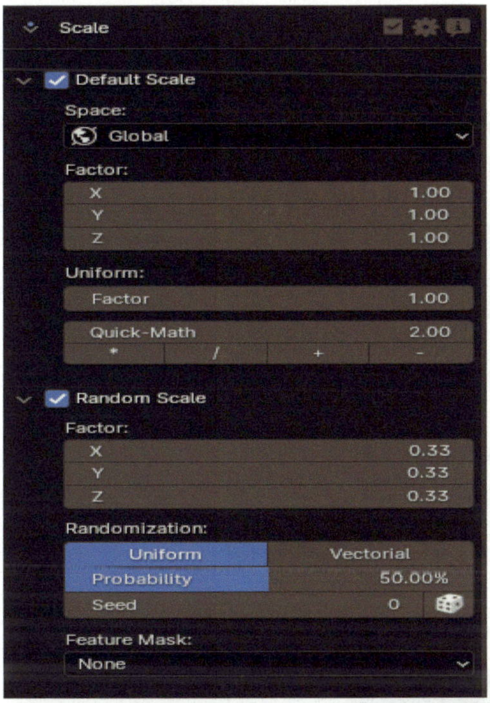

① ESC를 눌러 Manual Mode 종료한다.

② Default Scale 활성화

③ Space 값을 Local에서 Global로 변경한다.

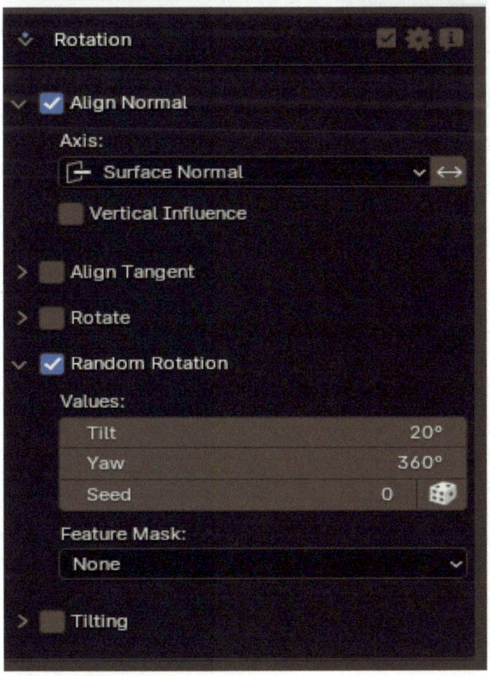

④ Rotation 메뉴로 이동한다.

⑤ Align Nomal을 활성화한다.

⑥ Axis 값을 Surface Normal로 변경한다.

6.3 주차장 설치

① 앞서 선정한 교목을 선택한다.
② Manual Scatter 메뉴의 Scatter Object(s) 클릭한다.
③ Dot을 활용해 주차구역을 나누어준다.

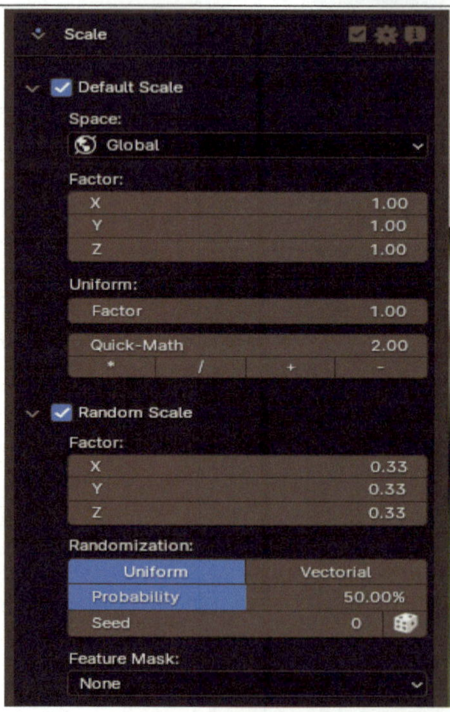

④ ESC를 눌러 Manual Mode 종료한다.
⑤ Default Scale 활성화
⑥ Space 값을 Local에서 Global로 변경한다.

6.3 주차장 설치

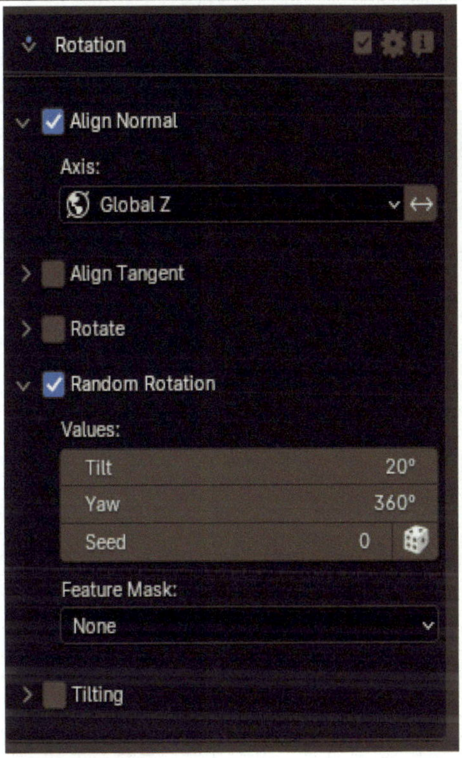

① Rotation 메뉴로 이동한다.

② Align Nomal을 활성화한다.

③ Axis 값을 Surface Normal에서 Global Z로 변경한다.

④ Tilt 값을 5로 변경한다.

6.4 전망공간 조성

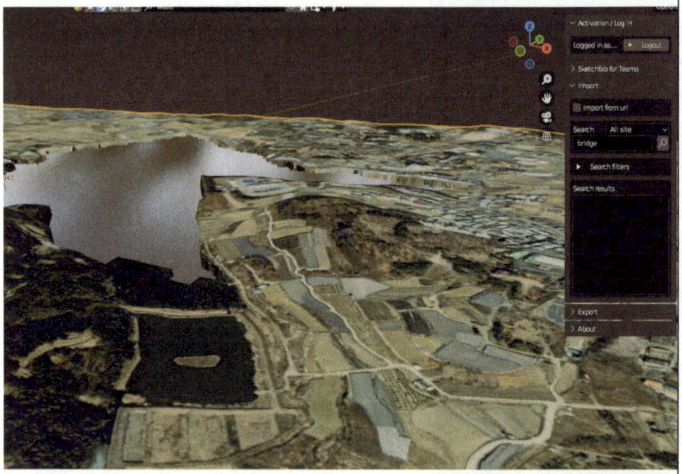

① Sketchfab 또는 BlenderKit 검색창에 Woodem Bridge를 검색해 어울리는 다리를 선택한다.

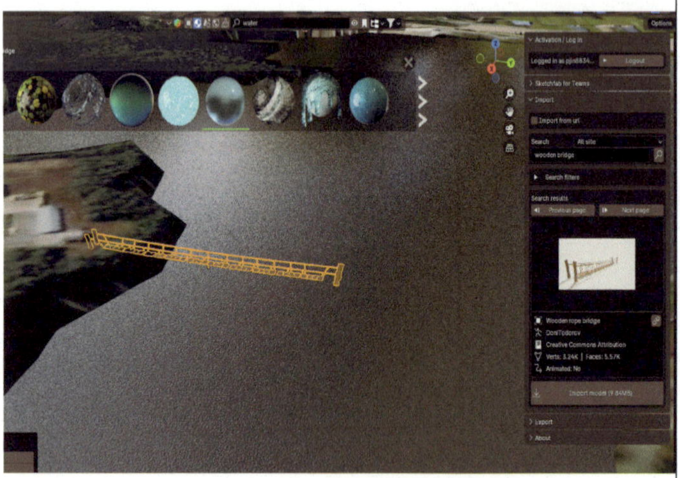

② 전망공간과 이어지는 곳에 설치한다.

6.4 전망공간 조성

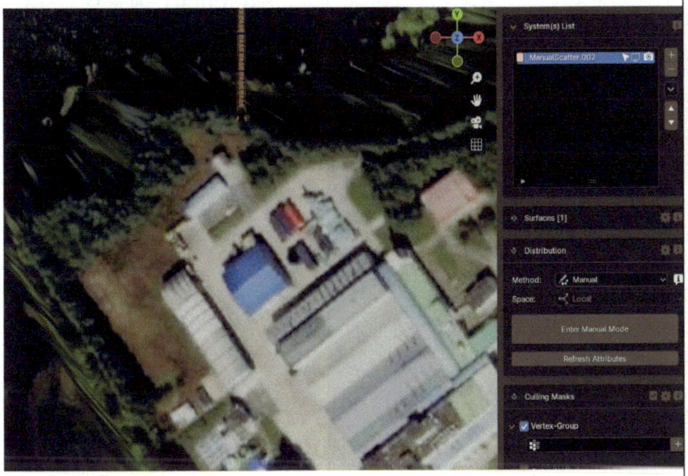

① 산림이 조성된 면을 선택하고 Culling Masks의 Vertex-Group을 활성화 한다.

② +를 눌러 Vgroup을 제작한다.

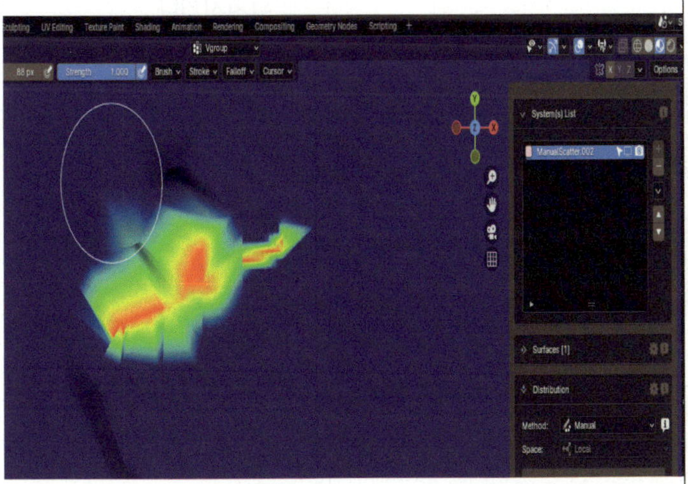

③ 다리부터 전망공간까지 칠해준다.

6.4 전망공간 조성

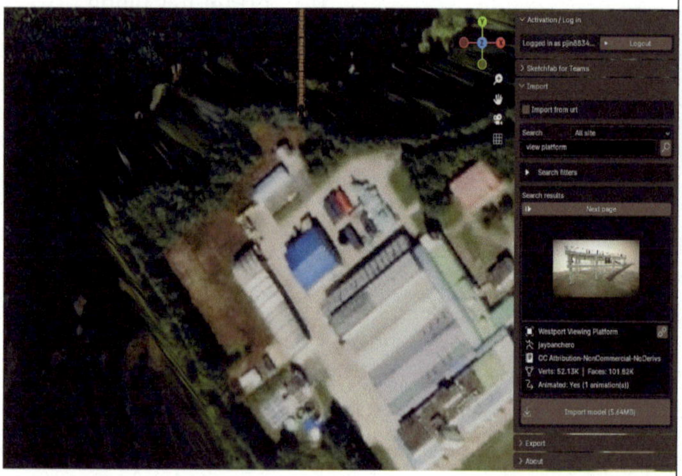

① 사이드메뉴(N) 중 Sketchfab 메뉴로 이동한다.

② 검색창에 View Platform을 검색한다.

③ 적절한 위치에 전망대를 위치시킨다.

④ 주변 나무와 동선을 정리한다.

6.5 다목적 잔디광장의 조성

① 휴양공간을 설정한다.
② Edit 모드로 전환 후 나이프(k)를 활용해 공간을 분리한다.
③ 마우스 오른쪽 클릭, Separate, Sselection을 선택한다.(면분리)
④ 분리한 면 이름을 '생태공원'으로 변경한다.

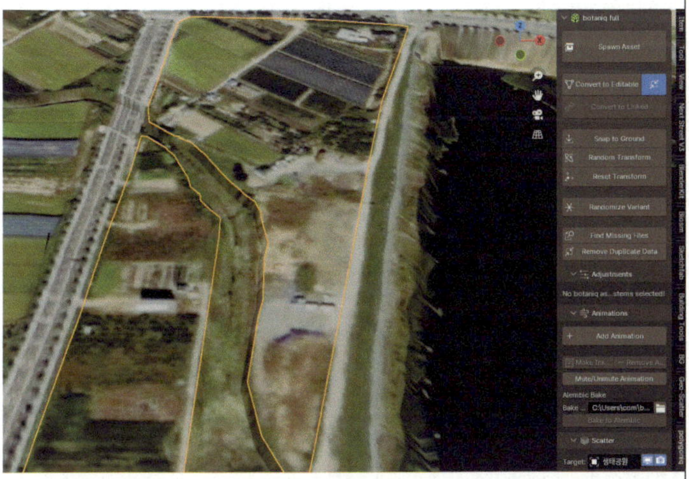

⑤ N(사이드 메뉴)을 눌러 polygoniq 메뉴를 선택한다.
⑥ Spawn Asset 클릭 후, 'deciduous' 카테고리를 선택한다.
⑦ 생태공원에 알맞은 여러 가지 수종을 선택해준다.

6.5 다목적 잔디광장의 조성

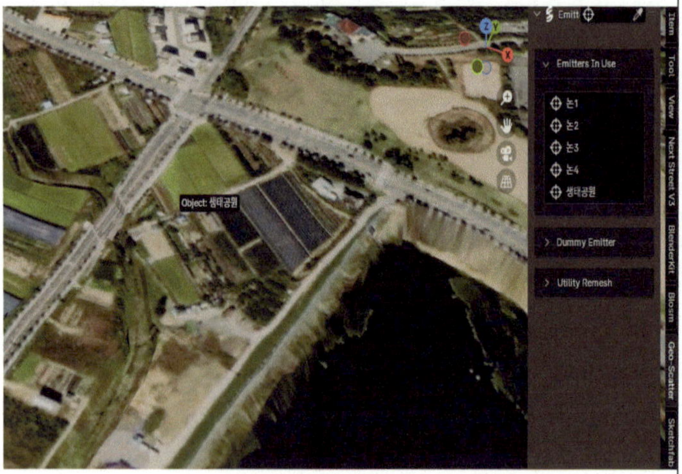

① N(사이드 메뉴)을 눌러 Geo-scatter 메뉴를 선택한다.
② 스포이드를 이용해 '생태공원'을 선택한다.
③ 'p.151'에서 선택한 수종을 모두 선택한다.

④ Preset Scatter 메뉴의 forest를 선택해준다. (5번째 줄 첫번째)
⑤ Scatter Object(s)를 눌러 식재를 실행한다.

6.5 다목적 잔디광장의 조성

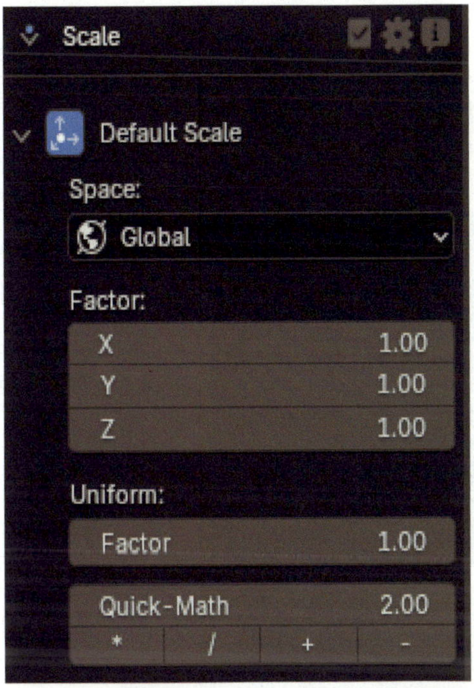

① 아래 Scale 메뉴로 이동 후 Default Scale 활성화한다

② Local 값을 Global 값으로 변경한다

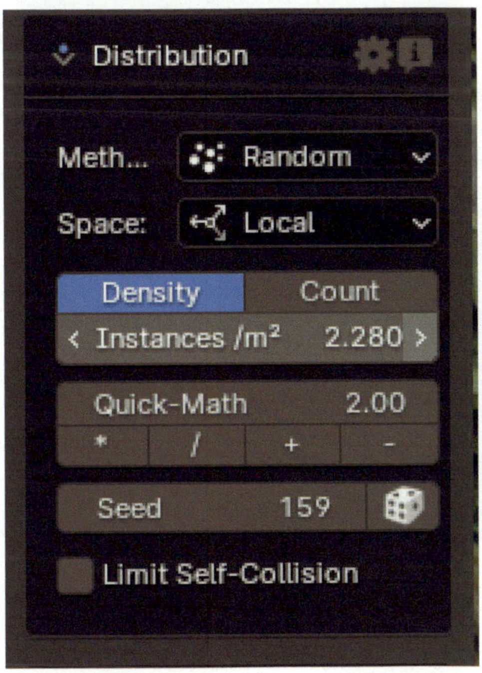

③ Distribution 메뉴로 이동 후 Quick-Math 아래 '*'버튼을 이용해 밀도를 조정한다

6.5 다목적 잔디광장의 조성

① 화면 상단중앙의 BlenderKit 메뉴를 활성화한다.

② 메터리얼 검색메뉴로 이동 후 ground(땅 제질)을 검색해준다.

③ 적절한 제질을 선택 후 마우스를 이용해 적용한다.

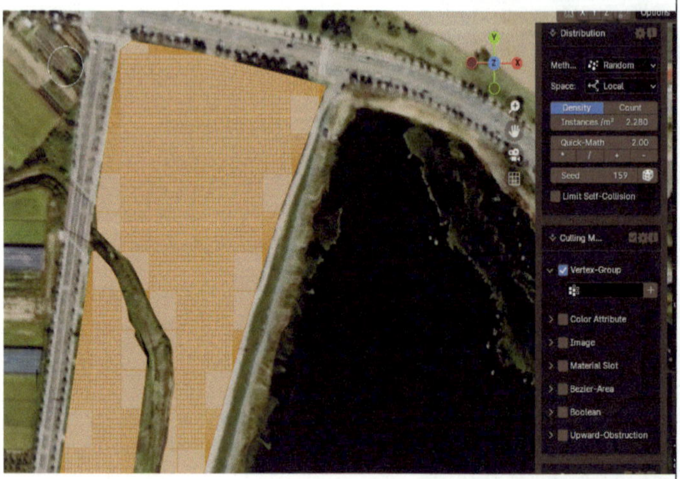

④ Edit 모드로 전환 후 전체 면을 선택한다.

⑤ 마우스 오른쪽 클릭, Subdivide를 활용해 면을 분할한다.

6.5 다목적 잔디광장의 조성

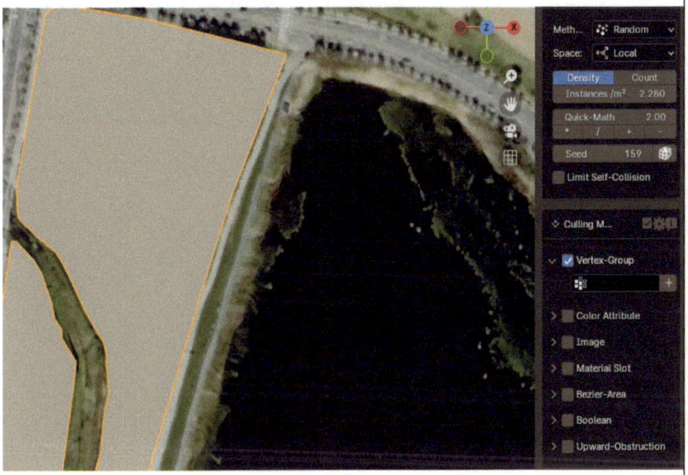

① Layout 모드로 전환한다.
② Geo-Scatter 메뉴의 Culling masks 중 Vertex-Group를 활성화한다.
③ "+"를 눌러 Vgroup을 만든다.

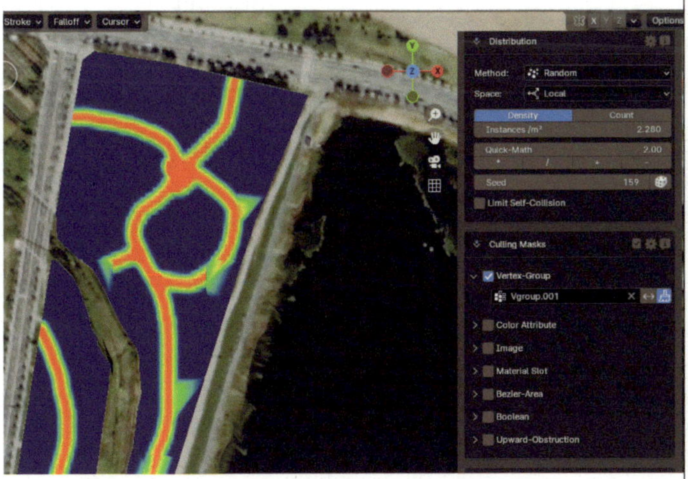

④ 붓모양 아이콘을 선택한다.(대상지역이 파란색으로 변환된 것을 확인)
⑤ 마우스를 활용해 선을 자연형으로 그린다.(동선)

* f : 붓 크기 조절

6.5 다목적 잔디광장의 조성

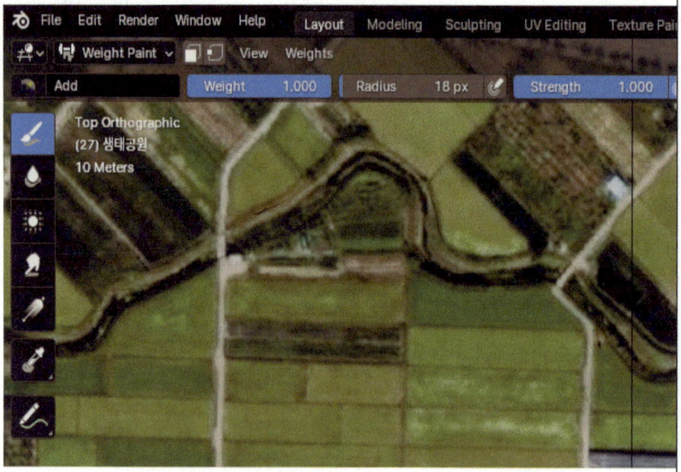

① 화면 왼쪽 위 Weight Paint를 Object Mode로 변환한다.

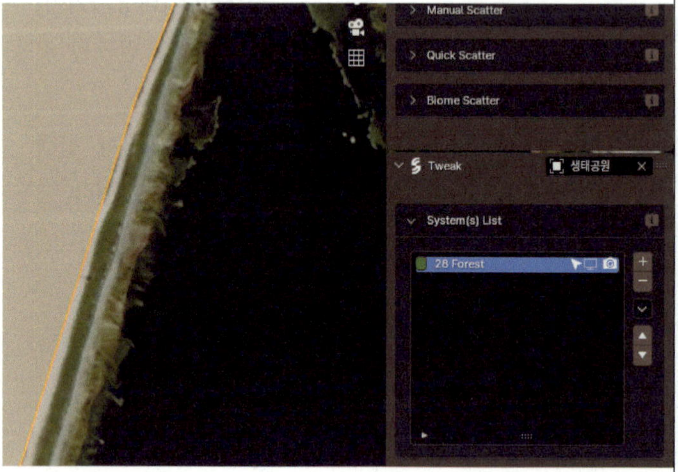

② Geo-Scatter 메뉴로 이동한다.

③ System(s) List 메뉴의 모니터 아이콘을 선택한다.

6.5 다목적 잔디광장의 조성

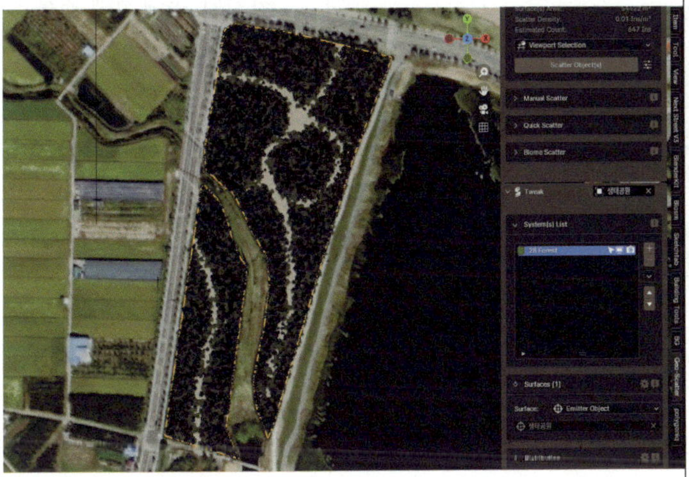

① 길과 수목이 배치된 것을 확인한다.

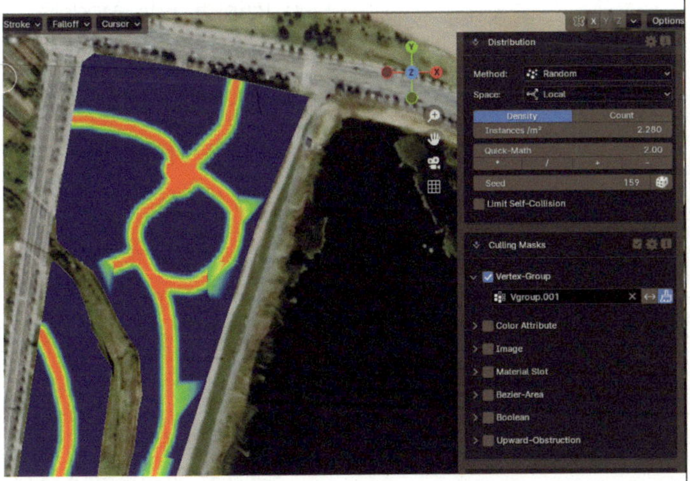

② Geo-Scatter 메뉴의 Culling masks 중 Vertex-Group를 활성화한다.

③ 붓모양 아이콘을 선택한다.

6.5 다목적 잔디광장의 조성

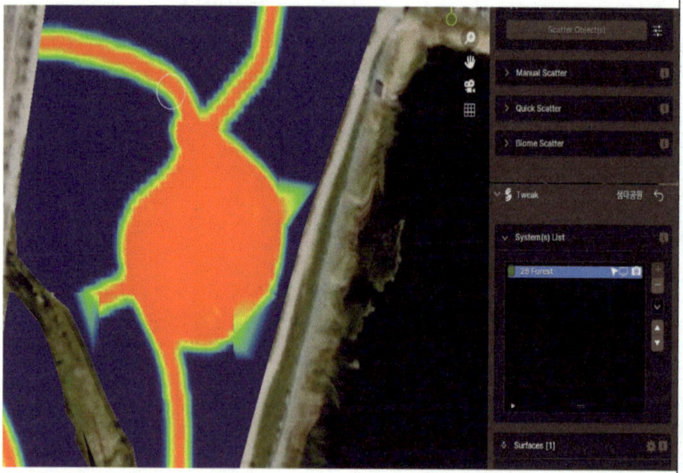

① 다목적 잔디광장이 설치될 곳에 마우스를 이용해 칠한다.

* f : 붓 크기 조절

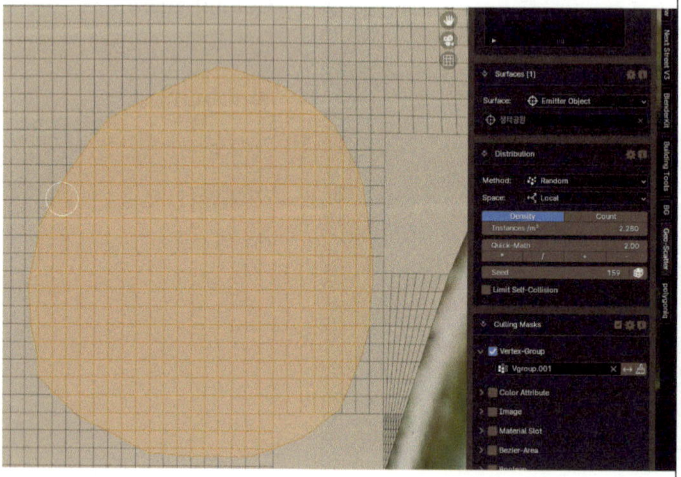

② 화면 왼쪽 위 Weight Paint를 Edit Mode로 변환한다.

③ 다목적 잔디광장의 구역을 나이프(k)를 활용해 분리해 준다.

④ 마우스 오른쪽 클릭을 이용해 Seperate, Selection을 선택한다.

⑤ 분리한 면 이름을 "생태공원.001"에서 "다목적 잔디광장"으로 변경한다.

6.5 다목적 잔디광장의 조성

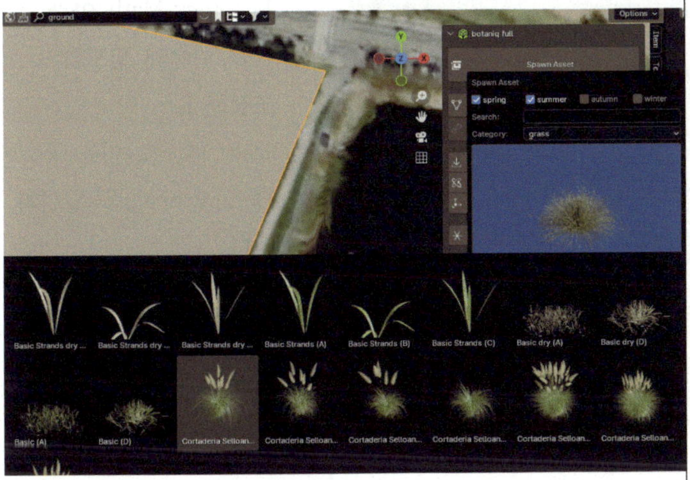

① polygoniq 메뉴의 Spawn Asset을 클릭한다.

② 카테고리를 grass로 설정 후 잔디를 선택한다.

③ Geo-Scatter로 이동 후 스포이드를 활용해 "다목적잔디광장"을 선택한다.

④ 앞서 선택한 잔디를 클릭 후 Preset Scatter (첫번째 줄 4번)을 실행한다.

6.5 다목적 잔디광장의 조성

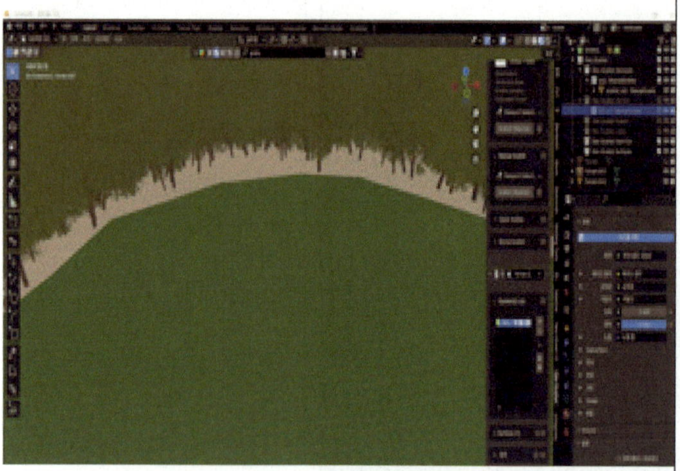

① Distribution 메뉴로 이동 후 Quick-Math 아래 “*”를 이용해 밀도를 조절한다.

② Scale 메뉴로 이동 후 Default Scale을 활성화 한다.

③ Local 값을 Global값으로 변경한다.

④ Distribution 메뉴로 이동 후 Quick-Math 아래 “*”를 이용해 밀도를 조절한다.

6.5 다목적 잔디광장의 조성

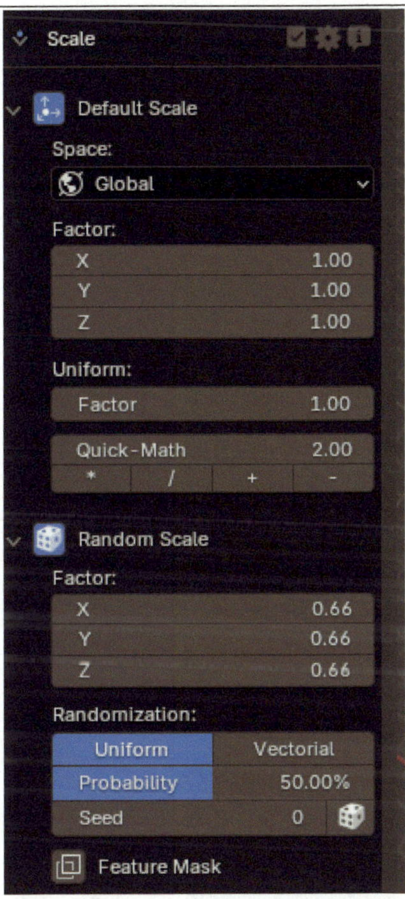

① Scale 메뉴로 이동 후 Default Scale을 활성화 한다.

② Local 값을 Global값으로 변경한다.

6.6 소규모 친수 휴양공간의 조성

① 친수휴양공간을 조성할 곳의 하천 바닥을 선택 및 분리한다.

② ploygoniq 메뉴로 이동한다.

③ Spawn Asset을 클릭한다.

④ 카테고리를 rocks로 전환 후 돌다리와 어울리는 돌을 선택한다.

6.6 소규모 친수 휴양공간의 조성

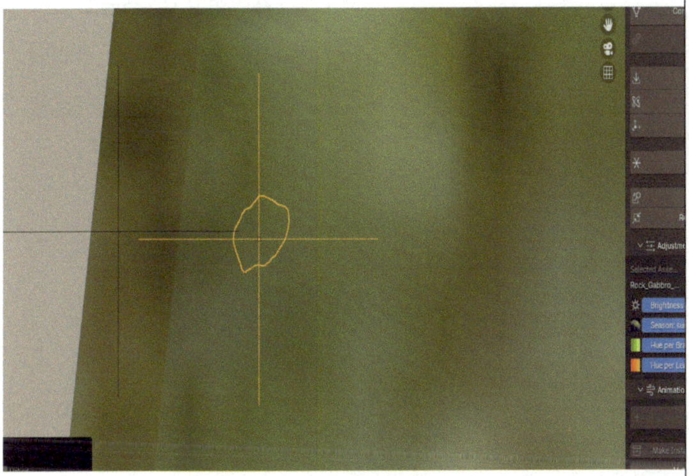

① Shift D를 활용해 돌다리를 제작한다.

② 사이드 메뉴 중 Skether(cad)메뉴로 이동한다.

③ Add Sketch를 클릭한다.

6.6 소규모 친수 휴양공간의 조성

① 왼쪽 도구를 이용해 자연형으로 소규모 친수휴양공간을 그린다.

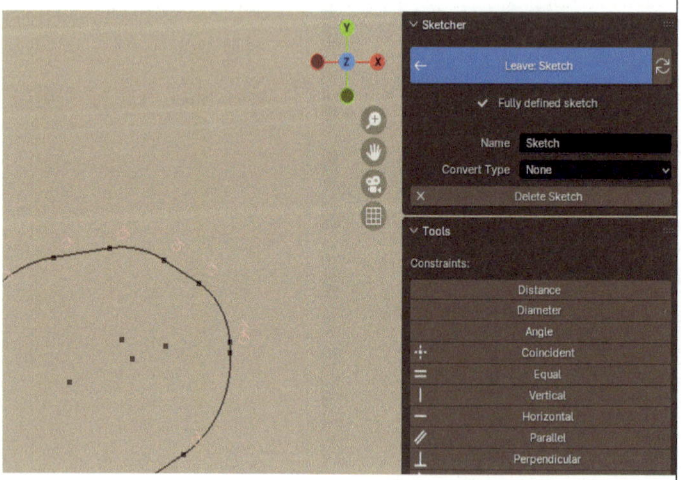

② convert type를 Mesh로 변경한다.

③ Leave:Sketch를 클릭한다.

6.6 소규모 친수 휴양공간의 조성

① sketch 레이어를 선택한다.

② Tap을 눌러 Edit Mode로 전환한다.

③ 3을 눌러 면선택으로 전환한다.

④ 면을 선택하고 e를 눌러 z축으로 늘려준다.

⑤ Tap을 눌러 Object Mode로 전환한다.

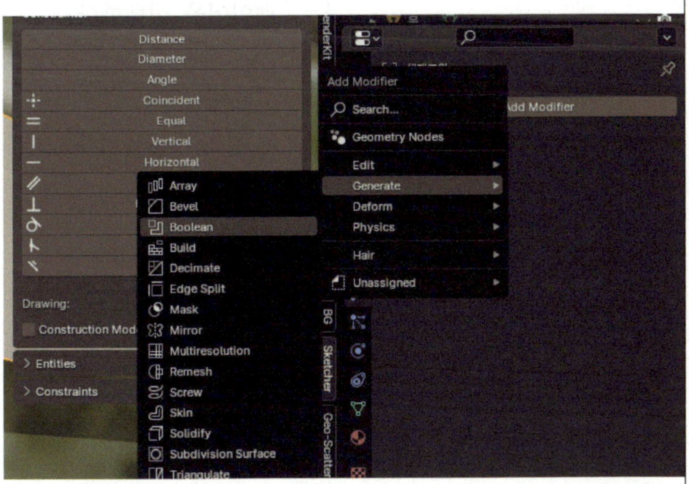

⑥ 생태공원 레이어와 Tarrain 레이어를 선택해 각각 Boolean을 적용한다.

(Modifiers – Add modifier – Generate - Boolean)

6.6 소규모 친수 휴양공간의 조성

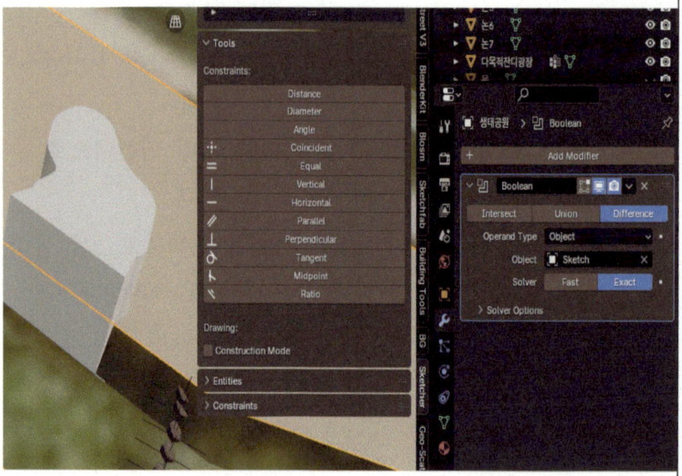

① Object의 스포이드를 이용해 sketch 레이어를 선택한다.

② Boolean 옆 화살표를 클릭 후 Applay를 선택한다.

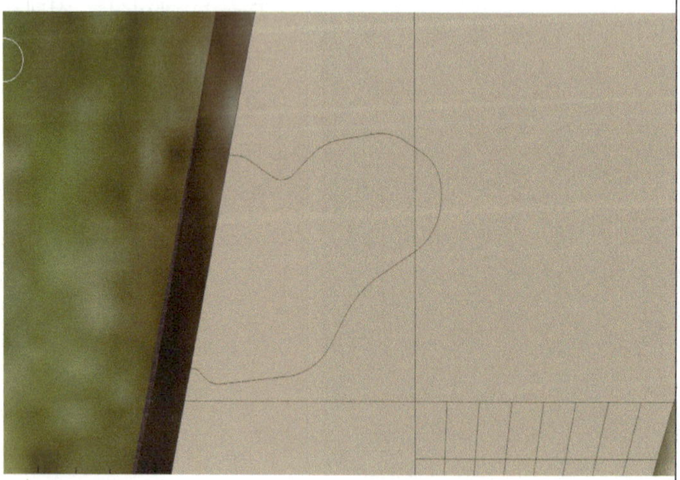

③ 생태공원 및 Tarrain 레이어를 선택한다.

④ Tap을 눌러 Edit Mode로 전환한다.

⑤ sketch 레이어 모양으로 분리된 면을 선택한다.

⑥ Tap을 눌러 Object Mode로 전환한다.

6.6 소규모 친수 휴양공간의 조성

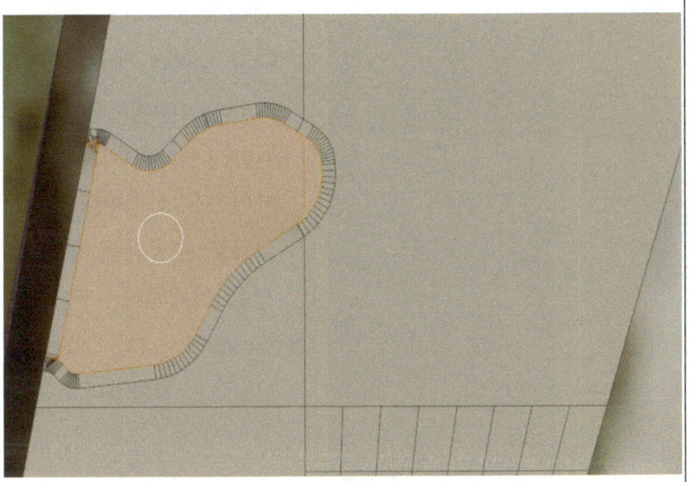

① 마우스 오른쪽 클릭을 통해 Inset face를 실행한다.
② G를 활용해 z축으로 내려준다.

③ Trrain의 경우 나이프(k)를 활용해 막힌 부분을 제거한다.

6.6 소규모 친수 휴양공간의 조성

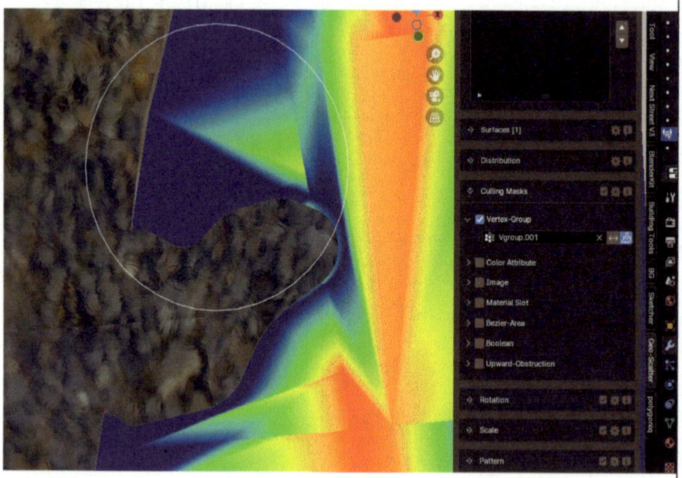

① 생태공원 레이어를 선택한다.
② Geo-Scatter 메뉴의 Culling masks 중 Vertex-Group의 붓 아이콘을 선택한다.
③ 소규모 수공간에 대한 면을 칠해준다.
④ Weigh Paint를 Object Mode로 전환한다.

⑤ 소규모 친수휴양공간이 완성된 것을 확인한다.

〈자연체험 및 휴양적 측면에서 경관계획 플랫폼이 적용된 대상지 모습〉

〈경관계획 종합 플랫폼이 적용된 대상지 모습〉

참고문헌

[1] 권오성, 2013, 경관단위분류를 통한 미시각적 질 평가 및 경관계획적 활용, 경북대학교 석사학위논문.

[2] 김진효, 2020, 경관단위 유형분류 및 가치평가에 기초한 지구단위 경관계획 기법 개발, 경북대학교 박사학위논문.

[3] 김진효, 나정화, 권오성, 2020, 경관단위 유형분류 및 가치평가에 기초한 경관 개선방안 설정 및 적용, J.Recreation and Landscape 14(4): 49-62.

[4] 김현철, 한정엽, 2021, 에너지 산업분야 Digital Twin 기술기반 VR콘텐츠 특성연구, 한국공간디자인학회지 16(4): 341-348.

[5] 김현철, 한정엽, 2024, 디지털 트윈 객체 유형별 시각 재현 특성 연구 -실내 공간 중심으로-, 한국공간디자인학회지 19(8): 797-804.

[6] 나정화, 2009, 비오톱을 활용한 에너지 절약형 지구단위 공간구조 개선 모델링 - 대구광역시를 중심으로, 대구지역환경기술개발센터 보고서.

[7] 박경현, 임영재, 윤대섭, 이양구, 2021, 디지털 트윈간 의미적 상호운용성 지원을 위한 통합 정보 모델 관리, 한국디지털콘텐츠학회 22(5): .823-829.

[8] 박정호, 최원근, 정다운, 홍석현, 조광제, 2023, 디지털트윈 활용사례 비교연구 - 핀란드헬싱키 · 싱가포르 · 호주 뉴사우스웨일스, 한국지적정보학회 25(2): 51-74.

[9] 안호상, 이수인, 강재식, 2025, 국가 디지털 트윈 구축에 대응하기 위한 BIM 기반 그린리모델링 디지털 플랫폼의 연동방안, 설비공학 논문집 37(1): 22-34.

[10] 이민영, 김도형, 임시영, 2020, 국내 디지털트윈 연구 동향을 통해 본 국토도시분야 디지털트윈 적용을 위한 제언, 대한공간정보학회 28(4): .49-57.

[11] 장환영, 김걸, 2023, 공공분야 디지털트윈 확산을 위한 공간정보 정책방향, 한국지도학회 23(1): .79-91.

[12] 조현주, 2012 ; 비오톱 지도를 기반으로 한 경관계획 모형개발 및 적용, 경북대학교 대학원 박사학위논문.

[13] 최규성, 김상균, 강궁현, 2025, 공간정보기술 기반의 3차원 디지털 트윈 플랫폼 개발과 활용, 대한토목학회지 73(2): 42-47.

[14] 최정, 2023, BIM 기반 디지털트윈을 활용한 건축물 에너지 해석 서비스 프레임워크, 서울시립대학교 일반대학원 석사학위논문.

[15] R&D정보센터, 2022, 디지털/스마트 헬스케어 R&D 전략 : AI/빅데이터/메타버스/디지털트윈, 지식산업정보원.

사사

이 연구는 2024학년도 대구대학교 학술연구비지원으로 수행되었음.

경관 계획을 위한 디지털트윈 지도 작성 매뉴얼
(Digital Twin Mapping Manual : D.T.M.M)
- Blender 3D 쉽게 배우기

초판인쇄 | 2025년 4월 25일
초판발행 | 2025년 4월 25일

저　　자 | 조현주 · 박진영
발 행 인 | 이성범
발 행 처 | 문운당
주　　소 | 서울시 종로구 혜화로5길 16 (명륜1가 45-3)
전　　화 | (02)762-6010
팩　　스 | 영업 (02)745-0265 / 편집 (02)762-8758
이 메 일 | 영업 munun2@daum.net
편집 munundang@naver.com
홈페이지 | http://munundang.co.kr

ISBN 979-11-5692-802-7 93520

정가 20,000원